大淵智勝の 数学B
統計的な推測
が面白いほどわかる本

駿台予備学校数学科講師
大淵智勝

はじめに

　2012年の高校1年生から，必履修科目（すべての高校生が受けないといけない科目）である数学Ⅰに「データの分析」が入り，高校数学で「統計」をしっかり学ぼうという動きになってきました。その頃にも数学Bには「確率分布と統計的な推測」がありましたが，数学Bはこの分野と「数列」「ベクトル」の3つから2つ選べばよいということもあり，また，多くの大学で数学Bは「数列」「ベクトル」が受験科目となっていたことから，この分野が学ばれる機会がほとんどない状態でした。

　それが，2022年の高校1年生からは，共通テストでは「数学ⅡBC」でBの「数列」「統計的な推測」，Cの「ベクトル」「平面上の曲線と複素数平面」の4つから3つ選ぶ必要があることと，大学受験では東京大学が「統計的な推測」を2次試験の数学の出題範囲に入れてきたことから，今までよりもかなり多くの高校生が「統計的な推測」を学ぶことになりました。

　統計は「過去のデータを整理する」こと，確率は「未来にどのようなことが起こりうるかを考える」ことです。つまり，数学ⅠAにおいては，数学Ⅰの「データの分析」で過去を整理する方法，数学Aの「確率」で未来を考える基本的な方法を学んだということになります。

　その上で，この**数学Bの「統計的な推測」**では，「統計をもとに確率を考える」ことで，**「過去のことを未来に生かす」という手法**を学んでいくことになります。

　よく世間では「ビッグデータ時代」などと言われていますが，実際に想像を絶する物凄く膨大なデータが世の中には存在しています。これを上手く利用していくことができるかどうかが重要な時代になりました。そういう意味で，「大学受験で使うから」という観点だけでなく，この分野を学

習してもらいたいと思います。

　また,「統計」を学習するのは,「統計的な手法を使えるようにするため」というだけではなく,「統計的に出てきた数値でだまされないようにするため」という意義もあります。

　「詐欺をはたらいていると思っている詐欺師は二流以下で,　一流の詐欺師は自分が詐欺をはたらいているとは思っていない」なんて言葉があったりします。

　統計的な手法をつかって,プレゼンテーションしていても,その出てきた数値の意味をよくわからず,その上で「自分にとって有利な結論」を導こうとする人はかなりいます。しかも「間違っている」とは思っていなかったりするんです。そういうときに,統計的な手法が何を意味するのかなどをわかっていれば,そういったプレゼンテーションを聞いても「これは本当なのか？」と冷静に対応できるようになります。

　ということでいえば,私が期待しているのは,数学Bの「統計的な推測」を学習する人が多くなることで,「データにだまされる人」が減ってくれることと,「無意識のうちにデータでだましてしまう人」が減ってくれることです。

　そして,その一助にこの本がなってくれるとより一層,ありがたいと思っています。

大淵智勝

目次

⇒この本では，統計的な推測に出てくるお話しについて

その値はどういうものなのか？

を中心に解説をしています。焦らずに，丁寧に読み進めていってもらえるとよいと思います。

例題

本文を読み進めていく上で，問題を通じて理解を深めていくためにあるのが，この **例題** です。

計算が複雑なこともあるので，そのときは電卓や表計算ソフトを使ってみるのもアリです。

演習問題

その Section で学んだことが，実際に問題としてどのように出されるのかを実感してもらいたいのが，この **演習問題** です。

ポイント も書いてありますが，そこまでのページにある式などをもう一度見直しながら最初は解いてみてください。場合によっては，それよりも前の Section での事柄を使うこともあるので，そのときはそのページを読み直したりしてください。

問題を解くときに使う式が複雑な式であるほど，最初は当てはめるだけで精一杯ということもあります。しかし，何度かその式を使っていくことで，見ないでも書けるようになってきます。

他の数学の分野でもそうですが，

ただ読むだけでなく，手を動かすこと！ がとても大切です。

補足

いろいろな公式の数学的な証明を書いてあります。公式の求め方が気になる方は，ここをチェックしてみてください。

実戦演習

巻末の方には **実戦演習** として，「大学入学共通テスト」の過去問と試作問題を入れてあります。一通りこの本を学習した後で，実際の入試での出題のされ方になれるためにも，解いてみてください。

確率変数と
確率分布

⇒ 何かをしたら出てくる値
—— 確率変数

数学 A の「場合の数と確率」のところで学んだ「確率」について，まずは確認していこう。

例題 1-1

袋の中に赤球 10 個，白球 2 個の合計 12 個の球が入っている。この袋の中から無作為に球を 1 個取り出したとき，赤球が出る確率を求めよ。

この袋の中には「赤球」と「白球」の 2 種類の球しか入っていないから，1 個の球を取り出したときは「赤球が出る」か「白球が出る」かの 2 パターンしかないね。

でも，赤球は 10 個，白球は 2 個だから，赤球の方が出やすそうだね。

このように「出やすそう」か「出にくそう」かを数値化したのが確率なんだ。

確率

ある試行において，全部で N 通りのことが同様に確からしいとする。このうち，事象 A にあたるのが a 通りであるとき，事象 A の起こる確率 $P(A)$ を，

$$P(A) = \frac{a}{N}$$

と定める。

まず，試行というのはその結果が偶然によって左右されてしまうような行動や実験などのことをいうよ。 例題 1-1 の場合だと「袋の中から球を 1 個取り出す」が試行にあたるね。

次に，N 通りのことが<u>同様に確からしい</u>というのは<u>N 通りのことが同じ割合で起こる</u>という意味で，（例題 1−1）の場合だと，合計 12 個の球がそれぞれ同じ割合で取り出されると考えられるから，

$$N = 12$$

となるよ。

さらに，<u>事象</u>というのは<u>試行の結果や起こる事柄</u>のことで，（例題 1−1）だと「赤球を取り出す」という事象についての確率が聞かれていることになるよ。

（例題 1−1）での試行と事象

試行：「袋の中から球を 1 個取り出す」

　　　全部で $N = 12$ 通りのことが同様に確からしい

事象：「赤球を取り出す」

　　　N 通りのうち，この事象にあたるのが $a = 10$ 通り

袋の中の全部で 12 個の球のうち，赤球は 10 個だから，事象 A を「赤球を取り出す」こととすると，

$$a = 10$$

となって，赤球を取り出す確率 $P(A)$ は，

$$P(A) = \frac{10}{12} = \frac{5}{6} \quad \Leftarrow \text{例題 1−1 の答え}$$

となるんだ。

確率は 0 以上 1 以下の値で，「事象 A の確率」というとき，

　　A が絶対に起こらない　……　確率は 0

　　A が起こりにくい　　　……　確率は 0 に近い値

　　A が起こりやすい　　　……　確率は 1 に近い値

　　A が必ず起こる　　　　……　確率は 1

となるよ。

ところで 例題 1-1 の「袋の中から無作為に球を1個取り出す」とき，「赤球の出る個数」は

　　　0個 または 1個

となるよね。

　この「赤球の出る個数」のように，<u>試行をした結果によって決まる値のこと</u>を確率変数というよ。

例 題 ▶ 1-2

袋の中に赤球10個，白球2個の合計12個の球が入っている。この袋の中から無作為に球を1個取り出したとき，取り出される赤球の個数を X とする。このとき，次の確率を求めよ。

(1) $P(X=1)$　　(2) $P(X=0)$　　(3) $P(0 \leqq X \leqq 1)$

　確率変数は X とか Y とかの大文字のアルファベットにすることが多いんだけど，例題 1-2 では「取り出される赤球の個数」が確率変数になっていて，それを X としているね。

　そして，この確率変数 X に対して，

　　　$P(X=1)$,　　$P(0 \leqq X \leqq 1)$

とか書いてあるけどこれは，

　　　$P(X=a)＝(X=a となる確率)$

　　　$P(a \leqq X \leqq b)＝(X が a 以上 b 以下になる確率)$

という意味になるんだ。

　だから，例題 1-2 の答えは次のようになるよ。

(1)　$X=1$ となるのは，取り出された1個が赤球であるときだから，例題 1-1 から，

　　　$P(X=1)=\dfrac{5}{6}$　↩ 例題 1-2(1) の答え

となるね。

(2) $X=0$ となるのは，取り出された赤球が 0 個，すなわち，取り出された 1 個が白球であるときなんだけど，全部で 12 個の球のうち白球は 2 個だから，

$$P(X=0) = \frac{2}{12} = \frac{1}{6}$$ ⇔ 例題 **1 − 2**(2) の答え

となるよ。

(3) 赤球が取り出される個数 X は整数だから，$0 \leqq X \leqq 1$ のとき，$X=0$ または $X=1$ となるよね。だから

$$P(0 \leqq X \leqq 1) = P(X=0) + P(X=1)$$
$$= \frac{1}{6} + \frac{5}{6} = 1$$ ⇔ 例題 **1 − 2**(3) の答え

となるよ。

(3)については，「赤球が取り出される個数」は 0 個か 1 個しかないので，試行をすると必ず $0 \leqq X \leqq 1$ になるよね。だから，「試行をすると必ずそのことが起こる」という確率は 1 なので，

$$P(0 \leqq X \leqq 1) = 1$$

と答えることもできるよ。

サイコロを1個投げたときの出る目の値を X とするとき，次の確率を求めよ。

(1) $P(X=2)$ (2) $P(2 \leqq X \leqq 5)$ (3) $P(X \geqq 3)$

ポイント

サイコロの目は1～6の6種類あって，これらが同じ割合で出るんだったよね。

それに対して，それぞれの問題で出る目の値がどうなればよいかを考えていけば良いね。

解答

サイコロ1個を投げたとき，目の出方は全部で1～6の6通りあり，これらは同様に確からしい。

(1) $X=2$ となるとき，2の目が出ればよいので，求める確率は，

$$P(X=2)=\frac{1}{6}$$

となる。

(2) $2 \leqq X \leqq 5$ となるとき，2，3，4，5のいずれかの目が出ればよいので，求める確率は，

$$P(2 \leqq X \leqq 5)=\frac{4}{6}=\frac{2}{3}$$

となる。

(3) $X \geqq 3$ となるとき，3以上，すなわち，3，4，5，6のいずれかの目が出ればよいので，求める確率は，

$$P(X \geqq 3)=\frac{4}{6}=\frac{2}{3}$$

となる。

袋の中に赤球 3 個と白球 6 個の合計 9 個の球が入っている。この袋の中から無作為に球を 3 個同時に取り出したとき，取り出される赤球の個数を X とするとき，次の確率を求めよ。

(1) $P(X=0)$　　(2) $P(1 \leqq X \leqq 2)$　　(3) $P(X \geqq 2)$

ポイント

「何通りの取り出し方が同様に確からしいか」を考えるので，袋の中の 9 個の球が全て異なる球だと考えて数え上げるんだったね。

あとは，確率変数 X が取り出される赤球の個数であることに注意して，それぞれの問題で「どのように取り出されればいいのか」を考えていこう。

解答

合計 9 個の球から 3 個取り出すので，全取り出し方は，

$$_9\mathrm{C}_3 = \frac{9 \cdot 8 \cdot 7}{3 \cdot 2 \cdot 1} = 84 \text{ 通り}$$

であり，これらは同様に確からしい。

(1) $X=0$ となるのは「取り出された 3 個の球に赤球がない」，すなわち，「取り出された 3 個の球がいずれも白球」のときであるので，このような取り出し方は 6 個の白球から 3 個取り出すことから，

$$_6\mathrm{C}_3 = \frac{6 \cdot 5 \cdot 4}{3 \cdot 2 \cdot 1} = 20 \text{ 通り}$$

であるから，求める確率は，

$$P(X=0) = \frac{20}{84} = \frac{5}{21}$$

となる。

(2) $1 \leqq X \leqq 2$ となるのは，「取り出された赤球が 1 または 2 個」のときであり，これは取り出した 3 個の球が

　(a) 赤球が 1 個，白球が 2 個

　(b) 赤球が 2 個，白球が 1 個

のときであり，このような取り出し方はそれぞれ，

(a) ${}_3C_1 \times {}_6C_2 = 3 \times \dfrac{6 \cdot 5}{2 \cdot 1} = 45$ 通り

(b) ${}_3C_2 \times {}_6C_1 = \dfrac{3 \cdot 2}{2 \cdot 1} \times 6 = 18$ 通り

となる。

　　よって，求める確率は，

$$P(1 \leqq X \leqq 2) = \frac{45 + 18}{84} = \frac{63}{84} = \frac{3}{4}$$

となる。

(3)　$X \geqq 2$ となるのは，「取り出された赤球が2個以上」のときであり，これは取り出した3個の球が，

(c)　赤球が2個，白球が1個

(d)　3個とも赤球

のときであり，このような取り出し方はそれぞれ，

(c)　(2)の(b)と同じで18通り

(d)　${}_3C_3 = 1$ 通り

となる。

　　よって，求める確率は，

$$P(X \geqq 2) = \frac{18 + 1}{84} = \frac{19}{84}$$

となる。

⇨ 全部の確率をまとめよう

——確率分布

サイコロ1個を投げたときに出る目の値を X とすると，この確率変数 X のとり得る値は 1, 2, 3, 4, 5, 6 のどれかだね。それで，このどの値が出る確率も $\frac{1}{6}$ だから，次の表のようになるね。

X	1	2	3	4	5	6
P	$\frac{1}{6}$	$\frac{1}{6}$	$\frac{1}{6}$	$\frac{1}{6}$	$\frac{1}{6}$	$\frac{1}{6}$

この表のように，<u>確率変数のとり得る値と，その値のそれぞれについての確率をまとめたもの</u>を，この確率変数の確率分布というよ（単に分布ということもあるよ）。

また，この場合，「確率変数 X は，この分布に従う」という言い方をするんだ。

例 題 ▶ 1−3

サイコロ2個を同時に投げたとき，その出た目の積を4で割った余りを X とする。X の確率分布を求めよ。

2個のサイコロを同時に投げたとき，この2個のサイコロを A, B とすると，出た目に対しての目の積の値は次の表のようになるよ。

A＼B	1	2	3	4	5	6
1	1	2	3	4	5	6
2	2	4	6	8	10	12
3	3	6	9	12	15	18
4	4	8	12	16	20	24
5	5	10	15	20	25	30
6	6	12	18	24	30	36

表1 2個のサイコロの出た目の積

X は「4で割った余り」だから，0, 1, 2, 3 のどれかになるね。

そして，表1の積の値から，A，B のサイコロの目の出方についての X の値は，次の表のようになるよ。

A＼B	1	2	3	4	5	6
1	1	2	3	0	1	2
2	2	0	2	0	2	0
3	3	2	1	0	3	2
4	0	0	0	0	0	0
5	1	2	3	0	1	2
6	2	0	2	0	2	0

表2　2個のサイコロの出た目に対する X の値

サイコロ2個を投げたときの目の出方は表2にある36通りで，これらが同様に確からしいから，それぞれの X についての確率は，

$$P(X=0)=\frac{15}{36}=\frac{5}{12}, \quad P(X=1)=\frac{5}{36},$$

$$P(X=2)=\frac{12}{36}=\frac{1}{3}, \quad P(X=3)=\frac{4}{36}=\frac{1}{9}$$

となるね。これをまとめると，

X	0	1	2	3
P	$\dfrac{5}{12}$	$\dfrac{5}{36}$	$\dfrac{1}{3}$	$\dfrac{1}{9}$

⇦ 例題 **1－3** の答え

となって，これが求めたかった X の確率分布となるんだ。

確率分布についてまとめると，次のようになるよ。

確率分布

確率変数 X のとり得る値が，
$$X = x_1, x_2, \cdots, x_n$$
であり，$i = 1, 2, \cdots, n$ について，
$$P(X = x_i) = p_i$$
とすると，X の確率分布は

X	x_1	x_2	$\cdots$	x_n
P	p_1	p_2	$\cdots$	p_n

となる。また，次の 2 つが成り立つ。

(ⅰ) $p_1 \geqq 0,\ p_2 \geqq 0,\ \cdots,\ p_n \geqq 0$

(ⅱ) $p_1 + p_2 + \cdots + p_n = 1$

上の(ⅱ)については，確率分布を作るからには，確率変数 X のとり得る値を全部書いていることと，X の値を重複して書いていないことから，その確率を全部足したら 1 にならないといけないということだね。

実際に，　例題　1－3　の X の確率分布でも，表にある確率を全部足すと，

$$\frac{5}{12} + \frac{5}{36} + \frac{1}{3} + \frac{1}{9} = \frac{15 + 5 + 12 + 4}{36} = \frac{36}{36} = 1$$

となっているね。

袋の中に赤球 10 個，白球 2 個の合計 12 個の球が入っている。この袋の中から無作為に球を 2 個取り出したとき，取り出される赤球の個数を X とする。このとき，X の確率分布を求めよ。

ポイント

　まず，袋の中から 2 個の球を取り出したときの「赤球の個数」のパターンを考えよう。

　それから，そのそれぞれのパターンについて確率を求めていこう。このとき，合計 12 個の球を「区別して」数えると「同様に確からしい」取り出し方になるんだったね。

解答

　袋の中には全部で 12 個の球が入っていて，そこから 2 個取り出すから，全取り出し方は

$$_{12}C_2 = \frac{12 \cdot 11}{2 \cdot 1} = 66 \text{ 通り}$$

で，これらは同様に確からしい。

　取り出された 2 個の球は「2 個とも白」，「1 個が赤で，もう 1 個が白」，「2 個とも赤」のいずれかだから，X のとり得る値は 0，1，2 のいずれかである。

　$X = 0$ となるのは「2 個とも白」となるときであり，袋の中には白球は 2 個しか入っていないため，取り出し方は

$$_2C_2 = 1 \text{ 通り}$$

となるから，

$$P(X = 0) = \frac{1}{66}$$

となる。

　$X = 1$ となるのは，「1 個が赤で，もう 1 個が白」となるときで，そのようになる取り出し方は，

$$_{10}C_1 \times _2C_1 = 10 \times 2 = 20 \text{ 通り}$$

だから，

$$P(X=1) = \frac{20}{66} = \frac{10}{33}$$

となる。

最後に $X=2$ となるのは，「2個とも赤」となるときで，そのようになる取り出し方は，

$$_{10}\mathrm{C}_2 = \frac{10 \cdot 9}{2 \cdot 1} = 45 \text{ 通り}$$

だから，

$$P(X=2) = \frac{45}{66} = \frac{15}{22}$$

となる。

以上より，X の確率分布は次のようになる。

X	0	1	2
P	$\dfrac{1}{66}$	$\dfrac{10}{33}$	$\dfrac{15}{22}$

注 $P(X=2)$ は

$$P(X=2) = 1 - \{P(X=0) + P(X=1)\}$$
$$= 1 - \left(\frac{1}{66} + \frac{10}{33}\right) = \frac{15}{22}$$

と求めることもできるよ。

演習問題 1 − 4

5枚のコインを同時に投げたとき，表の出た枚数を X とする。このとき，X の確率分布を求めよ。ただし，それぞれのコインについて，表と裏が出る確率は等しいものとする。

ポイント

コインは5枚だから，X のとり得る値の範囲は，0 ～ 5 だね。

それから，表と裏の出る確率は等しいということは，5枚の表裏の出方は全部で 2^5 通りで，これらは同様に確からしい，ということになるね。

解答

　5 枚のコインを投げたときの，表裏の出方は全部で，

　　　$2^5 = 32$ 通り

であり，これらは同様に確からしい。

　このうち，k 枚（$k = 1, 2, 3, 4, 5$）だけが表となる出方は，5 枚のコインのうち，表になる k 枚を決める分だけあるので，

　　　${}_5\mathrm{C}_k$ 通り

であり，これは $k = 0$ でも成り立つ。

　これより，

$$P(X = k) = \frac{{}_5\mathrm{C}_k}{2^5} \qquad (k = 0, 1, 2, 3, 4, 5)$$

となる。

　よって，

$$P(X = 0) = \frac{{}_5\mathrm{C}_0}{2^5} = \frac{1}{32},$$

$$P(X = 1) = \frac{{}_5\mathrm{C}_1}{2^5} = \frac{5}{32},$$

$$P(X = 2) = \frac{{}_5\mathrm{C}_2}{2^5} = \frac{10}{32} = \frac{5}{16},$$

$$P(X = 3) = \frac{{}_5\mathrm{C}_3}{2^5} = \frac{10}{32} = \frac{5}{16},$$

$$P(X = 4) = \frac{{}_5\mathrm{C}_4}{2^5} = \frac{5}{32},$$

$$P(X = 5) = \frac{{}_5\mathrm{C}_5}{2^5} = \frac{1}{32}$$

となるから，X の確率分布は次のようになる。

X	0	1	2	3	4	5
P	$\frac{1}{32}$	$\frac{5}{32}$	$\frac{5}{16}$	$\frac{5}{16}$	$\frac{5}{32}$	$\frac{1}{32}$

確率変数の
平均と分散

⇨ 何回もやってみたら平均でどのくらい？

────平均（期待値）

Section ❶ の 例 題 ▸ 1 - 3 の X の値は 0, 1, 2, 3 のいずれかだけど，「サイコロを 2 個投げることを何回も何回もやってみたとすると，この X の値って，平均してどのくらいの値になるのだろう？」ということを考えていくよ。

実際に，このサイコロ 2 個を投げることを 5 回したとき，X の値が順に，

0, 3, 1, 1, 2

になったとすると，このときの X の平均は，

$$\frac{0+3+1+1+2}{5} = \frac{7}{5} = 1.4$$

となるね。そして，さらに 5 回したときに，X の値が順に，

0, 0, 2, 1, 1

となったとすると，合計 10 回での X の平均は，

$$\frac{0+3+1+1+2+0+0+2+1+1}{10} = \frac{11}{10} = 1.1$$

となるね。

こうやって平均を出していこうとしても，この投げることをさらに何万回とかするのは大変だよね。

一方で，X の値は 0, 1, 2, 3 のいずれかしか出ないのだから，この 4 つの値の平均値

$$\frac{0+1+2+3}{4} = \frac{3}{2} = 1.5$$

というのも考えられるけど，この 4 つの値が同じ割合で出るわけではないから「これが何回もやったときの X の平均」としてしまうのも変な気がするよね。

そこで，確率変数に対しての平均を次のようにするんだ。

確率変数 X のとり得る値が，
$$X = x_1,\ x_2,\ \cdots,\ x_n$$
であり，X の確率分布が

X	x_1	x_2	$\cdots$	x_n
P	p_1	p_2	$\cdots$	p_n

であるとき，確率変数 X の平均(期待値) $E(X)$ を
$$E(X) = x_1 p_1 + x_2 p_2 + \cdots + x_n p_n$$
とする。

これは「1つの確率変数の値にその値が出る確率をかけたもの」をすべての確率変数の値について計算して，それらのすべての和をとってしまおうというものなんだ。

確率が1に近いほど「その値が出やすい」ということだから，「出やすい値に大きい確率」，「出にくい値に小さい確率」をかけていて，その和を取ったものが平均になるから，「実際にこの試行をしたときに，X の値として期待できる値」という意味の期待値といういい方もされるんだ。

さて，（ 例題 1-3 ）の X の確率分布は，

X	0	1	2	3
P	$\dfrac{5}{12}$	$\dfrac{5}{36}$	$\dfrac{1}{3}$	$\dfrac{1}{9}$

だから，X の平均（期待値）は，
$$E(X) = 0 \times \frac{5}{12} + 1 \times \frac{5}{36} + 2 \times \frac{1}{3} + 3 \times \frac{1}{9} = \frac{41}{36} = 1.138\cdots$$
となるんだ。

例題 ▶ 2 − 1

袋の中に 100 枚のクジが入っており，書かれている金額が「0 円」の
ものが 70 枚，「100 円」のものが 20 枚，「200 円」のものが 6 枚，「500
円」のものが 4 枚となっている。ここから無作為に 1 枚だけクジを取
り出したときに，クジに書かれた金額を X 円としたとき，X の平均
を求めよ。

　まず，100 枚のクジから無作為に 1 枚取り出すから，全取り出し方は
100 通りでこれらは同様に確からしい，となるよね。そこから，このクジ
に書かれた金額である確率変数 X についての確率分布は次のようになる
よね。

X	0	100	200	500
P	$\dfrac{70}{100}$	$\dfrac{20}{100}$	$\dfrac{6}{100}$	$\dfrac{4}{100}$

　すると，X の平均は，

$$0 \times \frac{70}{100} + 100 \times \frac{20}{100} + 200 \times \frac{6}{100} + 500 \times \frac{4}{100}$$

$$= \frac{0 \times 70 + 100 \times 20 + 200 \times 6 + 500 \times 4}{100} \qquad \cdots\cdots\text{Ⓐ}$$

$$= \frac{5200}{100} = 52$$

より，52 円となるよ。　　　　　　　　　　　　　⇔ **例題 2 − 1 の答え**

　ここでⒶの式を見てみると，分子が全部のクジに書かれている金額の
合計，分母がクジの枚数の 100 だから，この「平均」は「クジ 1 枚当たり
の書かれている金額の平均」と考えることもできるよね。

演習問題　**2－1**

袋の中に赤球 10 個，白球 2 個の合計 12 個の球が入っている。この袋の中から無作為に球を 2 個取り出したとき，取り出される赤球の個数を X とする。このとき，X の平均を求めよ。

ポイント

まずは X の確率分布を作ろう。このときに，12 個の球をそれぞれ区別して考えるんだったことに注意しよう。

解答

X の確率は　演習問題　**1－3**　より

$$P(X = 0) = \frac{1}{66},$$

$$P(X = 1) = \frac{20}{66} \left(= \frac{10}{33} \right),$$

$$P(X = 2) = \frac{45}{66} \left(= \frac{15}{22} \right)$$

となり，X の確率分布は次のようになる。

X	0	1	2
P	$\dfrac{1}{66}$	$\dfrac{20}{66}$	$\dfrac{45}{66}$

したがって，X の平均は

$$E(X) = 0 \times \frac{1}{66} + 1 \times \frac{20}{66} + 2 \times \frac{45}{66} = \frac{0 + 20 + 90}{66} = \frac{110}{66} = \frac{5}{3}$$

となる。

注 本来，確率分布を作るときには，確率の値を既約分数の形にするんだけど，平均を計算するときには通分をするので，約分しないままで書いておいた方が便利なことが多いよ。

あるゲームで2つのチームAとBが試合をし，3回勝った方が優勝とし，優勝が決まるまでの試合数を X とする。このとき，X の平均を求めよ。

ただし，1回の試合でAが勝つ確率を $\dfrac{1}{3}$，Bが勝つ確率を $\dfrac{2}{3}$ とし，引き分けはないものとする。

ポイント

　例えばAチームが3勝2敗で優勝する場合，

　　　「4試合目まででAが2勝2敗」して「5試合目でAが勝つ」

となることに注意をするよ。

　また，Aチームが4試合目まででで2勝2敗になるときは，例えば，

	1試合目	2試合目	3試合目	4試合目	このパターンでの確率
勝者	A	B	A	B	$\left(\dfrac{1}{3}\right)^2\left(\dfrac{2}{3}\right)^2$
確率	$\dfrac{1}{3}$	$\dfrac{2}{3}$	$\dfrac{1}{3}$	$\dfrac{2}{3}$	

となるんだけど，Aチームが4試合目まででで2勝2敗になるパターンは

　　　「4試合中Aの勝つ2つの試合を決める」

という，${}_4\mathrm{C}_2$ パターンあるよね。

　それでそのどのパターンでも，確率は $\left(\dfrac{1}{3}\right)^2\left(\dfrac{2}{3}\right)^2$ になるから，Aチームが4試合目まででで2勝2敗となる確率は，この確率を ${}_4\mathrm{C}_2$ 回足すことになるから，

$$ {}_4\mathrm{C}_2\left(\dfrac{1}{3}\right)^2\left(\dfrac{2}{3}\right)^2 $$

となるよ。

　同じように，1回の試合で勝つ確率が p であるチームが n 試合目までに k 勝 $(n-k)$ 敗となる確率は，

$$ {}_n\mathrm{C}_k\, p^k (1-p)^{n-k} $$

となるよ。

解答

　X のとり得る値は 3, 4, 5 のいずれかである。

　$X = 3$ となるのは，「A が 3 連勝」または「B が 3 連勝」するときより，

$$P(X=3) = \left(\frac{1}{3}\right)^3 + \left(\frac{2}{3}\right)^3 = \frac{1+2^3}{3^3} = \frac{9}{27}$$

である。

　$X = 4$ となるのは，優勝チームが 3 試合目までで 2 勝 1 敗で，さらに 4 試合目に勝つときで，

　　　　・A が優勝する場合：${}_3\mathrm{C}_2 \left(\frac{1}{3}\right)^2 \left(\frac{2}{3}\right) \times \frac{1}{3} = \frac{3 \cdot 1 \cdot 2 \times 1}{3^4} = \frac{2}{27}$

　　　　・B が優勝する場合：${}_3\mathrm{C}_2 \left(\frac{2}{3}\right)^2 \left(\frac{1}{3}\right) \times \frac{2}{3} = \frac{3 \cdot 2^2 \cdot 1 \times 2}{3^4} = \frac{8}{27}$

となるので，

$$P(X=4) = \frac{2}{27} + \frac{8}{27} = \frac{10}{27}$$

となる。

　$X = 5$ となるのは，4 試合目までで（A, B どちらのチームからしても）2 勝 2 敗となるときより，

$$P(X=5) = {}_4\mathrm{C}_2 \left(\frac{1}{3}\right)^2 \left(\frac{2}{3}\right)^2 = \frac{6 \times 1 \times 2^2}{3^4} = \frac{8}{27}$$

となる。

　これより，X の確率分布は次のようになる。

X	3	4	5
P	$\frac{9}{27}$	$\frac{10}{27}$	$\frac{8}{27}$

　したがって，X の平均は，

$$E(X) = 3 \times \frac{9}{27} + 4 \times \frac{10}{27} + 5 \times \frac{8}{27} = \frac{27 + 40 + 40}{27} = \frac{107}{27}$$

例題 2-1 では，100 枚のクジのうち，書かれている金額が「0 円」のものが 70 枚，「100 円」のものが 20 枚，「200 円」のものが 6 枚，「500 円」のものが 4 枚で，このときの平均が 52 円だったね。

でもこの枚数が変わって，100 枚のクジのうち，「0 円」のものが 57 枚，「100 円」のものが 37 枚，「200 円」のものが 5 枚，「500 円」のものが 1 枚となったとき，ここから 1 枚を取り出したときに書かれている金額を X とすると，

X	0	100	200	500
P	$\dfrac{57}{100}$	$\dfrac{37}{100}$	$\dfrac{5}{100}$	$\dfrac{1}{100}$

という確率分布になるんだけど，平均は，

$$0 \times \frac{57}{100} + 100 \times \frac{37}{100} + 200 \times \frac{5}{100} + 500 \times \frac{1}{100} = 52$$

なって，**例題 2-1** のときと同じになるね。

でも，**例題 2-1** よりも，枚数が変わった方が平均に近い 100 円が出やすくなって，平均から遠い 500 円が出にくくなっているよね。

実際に，横軸を金額，縦軸を確率としたグラフにしてみると，図のようになるよ。

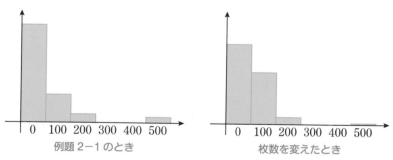

例題 2-1 のとき　　　　　枚数を変えたとき

この図を見ると，枚数を変えた方が，平均に近い 100 円が増えて，0 円，

200 円，500 円が減っていることが分かるね。つまり，平均は同じ 52 円だけど，枚数を変えたときの方が平均に近い値が出やすくなっているということになるね。

　ということは，「取り出したクジの金額の平均からのズレ」は，枚数を変えたときの方が小さくなりそうだ，と考えられるよね。

　「平均からのズレ」が大きくなりそうなほど「（クジごとの金額の）バラツキが大きい」，小さくなりそうなほど「バラツキが小さい」となるんだけど，この「バラツキ」の大小を見るための値をここでは考えていくよ。

　確率変数を X として，その平均を m とすると，$X-m$ が「平均からのズレ」になるよね。この $X-m$ の分布を 例題 2-1 のときにみていくと，$m=52$ だから，次のようになるよ。

X	0	100	200	500
$X-m$	-52	48	148	448
P	$\dfrac{70}{100}$	$\dfrac{20}{100}$	$\dfrac{6}{100}$	$\dfrac{4}{100}$

　「そうか！『平均からのズレ』の平均を考えれば，バラツキの大きさが分かる！」と思って，$X-m$ の平均を「確率変数の平均」と同じように求めると，

$$-52 \times \frac{70}{100} + 48 \times \frac{20}{100} + 148 \times \frac{6}{100} + 448 \times \frac{4}{100}$$

$$= \frac{-52 \times 70 + 48 \times 20 + 148 \times 6 + 448 \times 4}{100}$$

$$= \frac{0}{100} = 0$$

となってしまうね。

　これは，枚数を変えたときでも，$X-m$ の分布は，

X	0	100	200	500
$X-m$	-52	48	148	448
P	$\dfrac{57}{100}$	$\dfrac{37}{100}$	$\dfrac{5}{100}$	$\dfrac{1}{100}$

になり，$X-m$ の平均は，

$$-52 \times \frac{57}{100} + 48 \times \frac{37}{100} + 148 \times \frac{5}{100} + 448 \times \frac{1}{100}$$

$$= \frac{-52 \times 57 + 48 \times 37 + 148 \times 5 + 448 \times 1}{100}$$

$$= \frac{0}{100} = 0$$

となってしまうよ。

　実は，$X-m$ が正の値と負の値を両方取るなどの理由で，$\underline{X-m \text{ の平}}$ $\underline{\text{均を計算してしまうとつねに }0 \text{ になってしまう}}$んだ。

　そこで「平均からどれくらいズレているか」は実際には $X-m$ の $\pm$ を無くした $|X-m|$ だから，この平均を考えてみればいい，となるんだ。

　でも，絶対値は計算の扱いがよくないなどの理由で，その2乗の $|X-m|^2 = (X-m)^2$ の平均を考えてみることにするんだよ。

分散

確率変数 X のとり得る値が，

$$X = x_1, \, x_2, \, \cdots, \, x_n$$

であり，この確率変数の平均 m は

$$m = E(X) = x_1 p_1 + x_2 p_2 + \cdots + x_n p_n$$

となる。このとき新たな確率変数 $(X-m)^2$ を考えることができ，この確率分布は次のようになる。

$(X-m)^2$	$(x_1-m)^2$	$(x_2-m)^2$	$\cdots$	$(x_n-m)^2$
P	p_1	p_2	$\cdots$	p_n

この確率変数 $(X-m)^2$ の平均を分散といい，$V(X)$ で表す。
すなわち，

$$V(X) = E((X-m)^2)$$
$$= (x_1-m)^2 p_1 + (x_2-m)^2 p_2 + \cdots + (x_n-m)^2 p_n$$

である。

例題 ▶ 2-1 のときは，$(X-m)^2$ の確率分布は次のようになるね。

X	0	100	200	500
$X-m$	-52	48	148	448
$(X-m)^2$	2704	2304	21904	200704
P	$\dfrac{70}{100}$	$\dfrac{20}{100}$	$\dfrac{6}{100}$	$\dfrac{4}{100}$

だから，分散は，

$$2704 \times \frac{70}{100} + 2304 \times \frac{20}{100} + 21904 \times \frac{6}{100} + 200704 \times \frac{4}{100}$$

$$= \frac{2704 \times 70 + 2304 \times 20 + 21904 \times 6 + 200704 \times 4}{100}$$

$$= \frac{1169600}{100} = 11696$$

となるよ。

また，枚数を変えたときの方は，

X	0	100	200	500
$X-m$	-52	48	148	448
$(X-m)^2$	2704	2304	21904	200704
P	$\dfrac{57}{100}$	$\dfrac{37}{100}$	$\dfrac{5}{100}$	$\dfrac{1}{100}$

になり，分散は，

$$2704 \times \frac{57}{100} + 2304 \times \frac{37}{100} + 21904 \times \frac{5}{100} + 200704 \times \frac{1}{100}$$

$$= \frac{2704 \times 57 + 2304 \times 37 + 21904 \times 5 + 200704 \times 1}{100}$$

$$= \frac{549600}{100} = 5496$$

となるよ。

この分散の値が小さいほど「バラツキが小さい」ということになるから，
例題 ▶ 2-1 のとき（分散 11696）よりも，枚数を変えたとき（分散 5496）の方が「バラツキが小さい」ということになるんだ。

ところで，この分散の値，クジに書かれている金額が 0，100，200，500 円なのに対して，すごく大きな値になっているよね。

　それは，$X - m$ の値を 2 乗してしまっているから，例えば「平均から 100 円ズレている」が分散では「$100^2 = 10000$ ズレている」と出てしまうんだ。

　だから，2 乗した分を元に戻すために $\sqrt{V(X)}$ を考えてみると，

　　　　例題 2-1 のとき，$\sqrt{V(X)} = \sqrt{11696} = 108.14\cdots$

　　　　枚数を変えたとき，$\sqrt{V(X)} = \sqrt{5496} = 74.13\cdots$

となって，「『平均からのズレ』の平均」のような値として，例題 2-1 のときは約 108 円，枚数を変えたときは約 74 円というように考えることができるんだ。

　この $\sqrt{V(X)}$ のことを X の標準偏差といい，$\sigma(X)$ で表すよ。つまり，

　　　　$\sigma(X) = \sqrt{V(X)}$

ということだね。

演習問題 **2−3**

袋の中に赤球 10 個，白球 2 個の合計 12 個の球が入っている。この袋の中から無作為に球を 2 個取り出したとき，取り出される赤球の個数を X とする。このとき，X の分散と標準偏差を求めよ。

ポイント

この問題は 演習問題 **2−1** と同じ X について分散と標準偏差を求めるから，$(X-m)^2$ の確率分布を作って計算をしていけばいいね。

解答

演習問題 **2−1** から X の平均は

$$m = E(X) = \frac{5}{3}$$

であるから，$(X-m)^2$ の確率分布は，

X	0	1	2
$X-m$	$-\dfrac{5}{3}$	$-\dfrac{2}{3}$	$\dfrac{1}{3}$
$(X-m)^2$	$\dfrac{25}{9}$	$\dfrac{4}{9}$	$\dfrac{1}{9}$
P	$\dfrac{1}{66}$	$\dfrac{20}{66}$	$\dfrac{45}{66}$

となる。

よって，X の分散は，

$$V(X) = \frac{25}{9} \times \frac{1}{66} + \frac{4}{9} \times \frac{20}{66} + \frac{1}{9} \times \frac{45}{66} = \frac{150}{9 \cdot 66} = \frac{25}{99}$$

となり，X の標準偏差は，

$$\sigma(X) = \sqrt{V(X)} = \sqrt{\frac{25}{99}} = \frac{5\sqrt{11}}{33}$$

となる。

⇨ 出てくる値を変えたらどうだろう

──**変数変換**

サイコロを 1 個投げたとき，その出る目の値を確率変数 X とすると，

$$X = 1, 2, 3, 4, 5, 6$$

のいずれかだけど，「サイコロの出た目の値に 5 を足した値を得点にする」として，この得点を確率変数 Y とすると，

$$Y = X + 5 = 6, 7, 8, 9, 10, 11$$

となるし，「サイコロの出た目の値を 10 倍した値を得点とする」として，この得点を確率変数 Z とすると，

$$Z = 10X = 10, 20, 30, 40, 50, 60$$

となるよね。

でも，この確率変数 Y や Z と，元の X とでは確率分布が同じになるから，$E(Y), E(Z)$ と $E(X)$，あるいは，$V(Y), V(Z)$ と $V(X)$ に何かしら関係がありそうだよね。

ここでは，X を Y や Z のようにする変数変換についてみていくよ。

例題 2-2

サイコロを 1 個投げたとき，その出る目の値を確率変数 X とする。
(1) X について，$E(X), V(X), \sigma(X)$ を求めよ。
(2) $Y = X + 5$ とするとき，$E(Y), V(Y), \sigma(Y)$ を求めよ。
(3) $Z = 10X$ とするとき，$E(Z), V(Z), \sigma(Z)$ を求めよ。

(1) まず，サイコロ 1 個を投げたときの出た目 X の確率分布は次のようになるね。

X	1	2	3	4	5	6
P	$\dfrac{1}{6}$	$\dfrac{1}{6}$	$\dfrac{1}{6}$	$\dfrac{1}{6}$	$\dfrac{1}{6}$	$\dfrac{1}{6}$

これより，X の平均 $E(X)$ は次のようになるよ。

$$E(X) = 1 \times \frac{1}{6} + 2 \times \frac{1}{6} + 3 \times \frac{1}{6} + 4 \times \frac{1}{6} + 5 \times \frac{1}{6} + 6 \times \frac{1}{6} = \frac{7}{2}$$

これを m とすると，$(X-m)^2$ の確率分布は次のようになるよ。

X	1	2	3	4	5	6
$(X-m)^2$	$\dfrac{25}{4}$	$\dfrac{9}{4}$	$\dfrac{1}{4}$	$\dfrac{1}{4}$	$\dfrac{9}{4}$	$\dfrac{25}{4}$
P	$\dfrac{1}{6}$	$\dfrac{1}{6}$	$\dfrac{1}{6}$	$\dfrac{1}{6}$	$\dfrac{1}{6}$	$\dfrac{1}{6}$

これより，X の分散 $V(X)$ は，

$$V(X) = \frac{25}{4} \times \frac{1}{6} + \frac{9}{4} \times \frac{1}{6} + \frac{1}{4} \times \frac{1}{6} + \frac{1}{4} \times \frac{1}{6} + \frac{9}{4} \times \frac{1}{6} + \frac{25}{4} \times \frac{1}{6} = \frac{35}{12}$$

となって，標準偏差 $\sigma(X)$ は，

$$\sigma(X) = \sqrt{V(X)} = \sqrt{\frac{35}{12}} = \frac{\sqrt{105}}{6}$$

となるよ。

$$E(X) = \frac{7}{2}, \quad V(X) = \frac{35}{12}, \quad \sigma(X) = \frac{\sqrt{105}}{6}$$ ⇦ 例題 **2－2**(1) の答え

(2) $Y = X + 5$ だから，確率変数 Y の確率分布は次のようになるね。

X	1	2	3	4	5	6
$Y = X + 5$	6	7	8	9	10	11
P	$\dfrac{1}{6}$	$\dfrac{1}{6}$	$\dfrac{1}{6}$	$\dfrac{1}{6}$	$\dfrac{1}{6}$	$\dfrac{1}{6}$

これより，Y の平均 $E(Y)$ は次のようになるよ。

$$E(Y) = 6 \times \frac{1}{6} + 7 \times \frac{1}{6} + 8 \times \frac{1}{6} + 9 \times \frac{1}{6} + 10 \times \frac{1}{6} + 11 \times \frac{1}{6} = \frac{17}{2}$$

これを m_Y とすると，$(Y-m_Y)^2$ の確率分布は次のようになるよ。

X	1	2	3	4	5	6
$Y = X + 5$	6	7	8	9	10	11
$(Y-m_Y)^2$	$\dfrac{25}{4}$	$\dfrac{9}{4}$	$\dfrac{1}{4}$	$\dfrac{1}{4}$	$\dfrac{9}{4}$	$\dfrac{25}{4}$
P	$\dfrac{1}{6}$	$\dfrac{1}{6}$	$\dfrac{1}{6}$	$\dfrac{1}{6}$	$\dfrac{1}{6}$	$\dfrac{1}{6}$

これより，Y の分散 $V(Y)$ は，

$$V(Y) = \frac{25}{4} \times \frac{1}{6} + \frac{9}{4} \times \frac{1}{6} + \frac{1}{4} \times \frac{1}{6} + \frac{1}{4} \times \frac{1}{6} + \frac{9}{4} \times \frac{1}{6} + \frac{25}{4} \times \frac{1}{6} = \frac{35}{12}$$

となって，標準偏差 $\sigma(Y)$ は，

$$\sigma(Y) = \sqrt{V(Y)} = \sqrt{\frac{35}{12}} = \frac{\sqrt{105}}{6}$$

となるよ。

$$E(Y) = \frac{17}{2}, \quad V(Y) = \frac{35}{12}, \quad \sigma(Y) = \frac{\sqrt{105}}{6} \qquad \Longleftrightarrow \boxed{例題\ 2-2(2)\ の答え}$$

ここで，これらを(1)の結果と比べてみると，

$$E(Y) = \frac{17}{2} = \frac{7}{2} + 5 = E(X) + 5$$

$$V(Y) = V(X), \quad \sigma(Y) = \sigma(X)$$

となっていることがわかるね。

(3) $Z = 10X$ だから，確率変数 Z の確率分布は次のようになるね。

X	1	2	3	4	5	6
$Z = 10X$	10	20	30	40	50	60
P	$\frac{1}{6}$	$\frac{1}{6}$	$\frac{1}{6}$	$\frac{1}{6}$	$\frac{1}{6}$	$\frac{1}{6}$

これより，Z の平均 $E(Z)$ は次のようになるよ。

$$E(Z) = 10 \times \frac{1}{6} + 20 \times \frac{1}{6} + 30 \times \frac{1}{6} + 40 \times \frac{1}{6} + 50 \times \frac{1}{6} + 60 \times \frac{1}{6} = 35$$

これを m_z とすると，$(Z - m_z)^2$ の確率分布は次のようになるよ。

X	1	2	3	4	5	6
$Z = 10X$	10	20	30	40	50	60
$(Z - m_z)^2$	625	225	25	25	225	625
P	$\frac{1}{6}$	$\frac{1}{6}$	$\frac{1}{6}$	$\frac{1}{6}$	$\frac{1}{6}$	$\frac{1}{6}$

これより，Z の分散 $V(Z)$ は，

$$V(Z) = 625 \times \frac{1}{6} + 225 \times \frac{1}{6} + 25 \times \frac{1}{6} + 25 \times \frac{1}{6} + 225 \times \frac{1}{6} + 625 \times \frac{1}{6} = \frac{875}{3}$$

となって，標準偏差 $\sigma(Y)$ は，

$$\sigma(Y) = \sqrt{V(Y)} = \sqrt{\frac{875}{3}} = \frac{5\sqrt{105}}{3}$$

となるよ。

$$E(Z) = 35, \quad V(Z) = \frac{875}{3}, \quad \sigma(Z) = \frac{5\sqrt{105}}{3} \qquad \Longleftrightarrow \text{例題 2－2 (3) の答え}$$

ここで，これらを(1)の結果と比べてみると，

$$E(Z) = 35 = 10 \times \frac{7}{2} = 10E(X)$$

$$\sigma(Z) = \frac{5\sqrt{105}}{3} = 10 \times \frac{\sqrt{105}}{6} = 10\sigma(X)$$

となっていて，これから，

$$V(Z) = \{\sigma(Z)\}^2 = 10^2\{\sigma(X)\}^2 = 10^2 V(X)$$

となっていることがわかるね。

この **例題 2－2** と同じように変数変換をすると，平均や分散，標準偏差は次のように変わるんだよ。（計算での証明は p.42 にあるよ）

変数変換

$a, \ b$ を実数の定数とする。
平均と変数変換
$$E(aX) = aE(X), \quad E(X+b) = E(X) + b, \quad E(aX+b) = aE(X) + b$$
分散，標準偏差と変数変換
$$V(aX) = a^2V(X), \quad V(X+b) = V(X), \quad V(aX+b) = a^2V(X)$$
$$\sigma(aX) = |a|\sigma(X), \quad \sigma(X+b) = \sigma(X), \quad \sigma(aX+b) = |a|\sigma(X)$$

この変数変換については，次のようなイメージで考えるといいよ。

Ⅰ・確率変数のすべてに同じ値を足す

確率変数 X に対して，新しい確率変数 Y を

$$Y = X + b \quad (b \text{ は定数})$$

とすると，横軸を確率変数，縦軸を確率としたグラフは，X と Y では図のようになるよ。

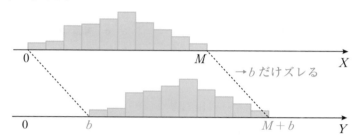

この2つを比べると，X のグラフ全体を右へ b だけ平行移動したものが Y になるね。

ということは，平均は同じようにズレて X の平均に b を足したものが Y の平均になりそうだから，

$$E(Y) = E(X + b) = E(X) + b$$

となりそうだね。

一方で，「バラツキ」は変わらないから，その大きさを表す分散や標準偏差は，

$$V(Y) = V(X + b) = V(X)$$
$$\sigma(Y) = \sigma(X + b) = \sigma(X)$$

と変わらなくなりそうだね。

Ⅱ・確率変数のすべてに同じ値をかける

確率変数 X に対して，新しい確率変数 Y を

$$Y = aX \quad (a \text{ は正の定数})$$

とすると，横軸を確率変数，縦軸を確率としたグラフは，X と Y では図のようになるよ。

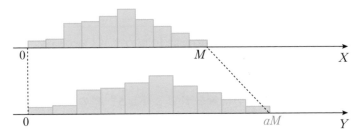

　この2つを比べると，X のグラフ全体を0のところを中心に a 倍広げたものが Y になるね。

　ということは，平均は同じように X の平均を0を中心に a 倍したものが Y の平均になりそうだから，

$$E(Y) = E(aX) = aE(X)$$

となりそうだね。そしてこれは $a < 0$ のときでも同じようになるよ。

　また $a > 0$ のときは，「バラツキ」も0を中心に a 倍されてしまうから，バラツキの大きさを表す標準偏差は a 倍されて，

$$\sigma(Y) = \sigma(aX) = a\sigma(X)$$

となって，これを2乗した値の分散は，

$$V(Y) = V(aX) = \{\sigma(aX)\}^2 = \{a\sigma(X)\}^2 = a^2 V(X)$$

となりそうだね。

　$a < 0$ のときはバラツキは $|a|$ 倍されることもあわせると，a が実数全体のときには，

$$\sigma(Y) = \sigma(aX) = |a|\sigma(X)$$
$$V(Y) = V(aX) = \{\sigma(aX)\}^2 = \{|a|\sigma(X)\}^2 = a^2 V(X)$$

となるんだ。

　上の Ⅰ，Ⅱ のことを合わせると，$Z = aX + b$ という変数変換のときは，

$$E(Z) = E(aX + b) \underset{\text{Ⅰ}}{=} E(aX) + b \underset{\text{Ⅱ}}{=} aE(X) + b$$

$$\sigma(Z) = \sigma(aX + b) \underset{\text{Ⅰ}}{=} \sigma(aX) \underset{\text{Ⅱ}}{=} |a|\sigma(X)$$

となって，

$$V(Z) = \{\sigma(Z)\}^2 = a^2 \{\sigma(X)\}^2 = a^2 V(X)$$

となるよ。

袋の中に赤球 10 個，白球 2 個の合計 12 個の球が入っている。この袋の中から無作為に球を 2 個取り出したとき，取り出される赤球の個数を X とする。

(1) X の値から 3 を引いた値を Y としたとき，Y の平均，分散，標準偏差を求めよ。

(2) X の値を 4 倍した値を Z としたとき，Z の平均，分散，標準偏差を求めよ。

(3) X の値を 3 倍したものに 2 を足した値を W としたとき，W の平均，分散，標準偏差を求めよ。

ポイント

この問題の X も 演習問題 **2 － 1** での X と同じだから，演習問題 **2 － 1** と 演習問題 **2 － 3** で，X の平均，分散，標準偏差がわかって，それとここで習った式を使っていけばいいんだよ。

解答

演習問題 **2 － 1** と 演習問題 **2 － 3** より，

$$E(X) = \frac{5}{3}, \quad V(X) = \frac{25}{99}, \quad \sigma(X) = \frac{5\sqrt{11}}{33}$$

である。

(1) $Y = X - 3$ であるから，

$$E(Y) = E(X-3) = E(X) - 3 = \frac{5}{3} - 3 = -\frac{4}{3}$$

$$V(Y) = V(X-3) = V(X) = \frac{25}{99}$$

$$\sigma(Y) = \sigma(X-3) = \sigma(X) = \frac{5\sqrt{11}}{33}$$

となる。

(2)　$Z = 4X$ であるから,

$$E(Z) = E(4X) = 4E(X) = 4 \cdot \frac{5}{3} = \frac{20}{3}$$

$$V(Z) = V(4X) = 4^2 V(X) = 16 \cdot \frac{25}{99} = \frac{400}{99}$$

$$\sigma(Z) = \sigma(4X) = 4\sigma(X) = 4 \cdot \frac{5\sqrt{11}}{33} = \frac{20\sqrt{11}}{33}$$

となる。

(3)　$W = 3X + 2$ であるから,

$$E(W) = E(3X + 2) = 3E(X) + 2 = 3 \cdot \frac{5}{3} + 2 = 7$$

$$V(W) = V(3X + 2) = 3^2 V(X) = 9 \cdot \frac{25}{99} = \frac{25}{11}$$

$$\sigma(W) = \sigma(3X + 2) = 3\sigma(X) = 3 \cdot \frac{5\sqrt{11}}{33} = \frac{5\sqrt{11}}{11}$$

となる。

補足 X から $aX+b$ とする変数変換での平均と分散，標準偏差 ……

確率変数 X のとり得る値が，

$$X = x_1, \ x_2, \ \cdots, \ x_n$$

であり，X の確率分布が

X	x_1	x_2	$\cdots$	x_n
P	p_1	p_2	$\cdots$	p_n

であるとき，

$$\sum_{k=1}^{n} p_k = p_1 + p_2 + \cdots + p_n = 1$$

であり，確率変数 X の平均 $E(X)$ は

$$E(X) = x_1 p_1 + x_2 p_2 + \cdots + x_n p_n = \sum_{k=1}^{n} x_k p_k$$

である。

確率変数 $Y = aX + b$ について，その確率分布は，

$Y = aX + b$	$y_1 = ax_1 + b$	$y_2 = ax_2 + b$	$\cdots$	$y_n = ax_n + b$
P	p_1	p_2	$\cdots$	p_n

となるから，

$$E(Y) = E(aX + b) = \sum_{k=1}^{n} (ax_k + b)p_k = \sum_{k=1}^{n} (ax_k p_k + bp_k)$$

$$= \sum_{k=1}^{n} ax_k p_k + \sum_{k=1}^{n} bp_k$$

$$= a \sum_{k=1}^{n} x_k p_k + b \sum_{k=1}^{n} p_k$$

$$= aE(X) + b \cdot 1 = aE(X) + b$$

よって，

$$E(aX + b) = aE(X) + b$$

が成り立つ。

$m = E(X)$，$m_Y = E(Y)$ とすると，$m_Y = am + b$ であるから，

$$(y_k - m_Y)^2 = \{(ax_k + b) - (am + b)\}^2$$

$$= \{a(x_k - m)\}^2 = a^2(x_k - m)^2$$

より，

$$V(Y) = (y_1 - m_Y)^2 p_1 + (y_2 - m_Y)^2 p_2 + \cdots + (y_n - m_Y)^2 p_n$$

$$= \sum_{k=1}^{n} (y_k - m_Y)^2 p_k$$

$$= \sum_{k=1}^{n} a^2 (x_k - m)^2 p_k$$

$$= a^2 \sum_{k=1}^{n} (x_k - m)^2 p_k = a^2 V(X)$$

となる。

　よって，

$$V(aX + b) = a^2 V(X)$$

が成り立つ。

　また，標準偏差は，

$$\sigma(aX + b) = \sqrt{V(aX + b)} = \sqrt{a^2 V(X)} = |a| \sqrt{V(X)} = |a| \sigma(X)$$

となる。

　よって，

$$\sigma(aX + b) = |a| \sigma(X)$$

が成り立つ。

⇨ 分散と平均の関係

——分散の公式

　確率変数 X の分散 $V(X)$ だけど，これと X の平均 $m = E(X)$ には，次のような関係があるよ。

> **分散の公式**
>
> $$V(X) = E(X^2) - m^2 = E(X^2) - \{E(X)\}^2$$

　ここで $E(X^2)$ は，「X^2 の平均」ということになるよ。
　つまり，確率変数 X の確率分布が，

X	x_1	x_2	$\cdots$	x_n
P	p_1	p_2	$\cdots$	p_n

となっているとき，確率変数 X^2 の確率分布は

X^2	$x_1{}^2$	$x_2{}^2$	$\cdots$	$x_n{}^2$
P	p_1	p_2	$\cdots$	p_n

となるから，

$$E(X^2) = x_1{}^2 p_1 + x_2{}^2 p_2 + \cdots + x_n{}^2 p_n$$

ということになるよ。
　これを使うと，$(X - m)^2$ の平均を求めずに分散 $V(X)$ を計算できるようになるんだ。

例題 ▶ 2−3

　袋の中に 100 枚のクジが入っており，書かれている金額が「0 円」のものが 70 枚，「100 円」のものが 20 枚，「200 円」のものが 6 枚，「500 円」のものが 4 枚となっている。ここから無作為に 1 枚だけクジを取り出したときに，クジに書かれた金額を X 円としたとき，X の分散を求めよ。

この設定は 例題 2−1 と同じなので，X の確率分布が，

X	0	100	200	500
P	$\dfrac{70}{100}$	$\dfrac{20}{100}$	$\dfrac{6}{100}$	$\dfrac{4}{100}$

だから，平均 $m = E(X)$ については，

$$E(X) = 0 \times \frac{70}{100} + 100 \times \frac{20}{100} + 200 \times \frac{6}{100} + 500 \times \frac{4}{100}$$

$$= \frac{5200}{100} = 52$$

となるよね。

一方で，X^2 の確率分布は，

X	0	100	200	500
X^2	0	10000	40000	250000
P	$\dfrac{70}{100}$	$\dfrac{20}{100}$	$\dfrac{6}{100}$	$\dfrac{4}{100}$

だから，X^2 の平均である $E(X^2)$ は，

$$E(X^2) = 0 \times \frac{70}{100} + 10000 \times \frac{20}{100} + 40000 \times \frac{6}{100} + 250000 \times \frac{4}{100}$$

$$= \frac{0 + 200000 + 240000 + 1000000}{100} = \frac{1440000}{100} = 14400$$

となるね。

これと分散の公式から，

$$V(X) = E(X^2) - m^2 = E(X^2) - \{E(X)\}^2$$

$$= 14400 - 52^2 = 14400 - 2704$$

$$= 11696 \quad \text{⟵ 例題 2−3 の答え}$$

となって，実際に 31 ページで求めた値と同じになるね。

> あるゲームで2つのチームAとBが試合をし，3回勝った方が優勝
> とし，優勝が決まるまでの試合数を X とする。このとき，X の分散
> と標準偏差を求めよ。
>
> ただし，1回の試合でAが勝つ確率を $\dfrac{1}{3}$，Bが勝つ確率を $\dfrac{2}{3}$ とし，
>
> 引き分けはないものとする。

ポイント

　この問題は 演習問題　2-2 と同じ X について，分散と標準偏差を求
めればいいんだよ。

　ここでは，$V(X) = E(X^2) - m^2$ の式を使って出していくと楽に出せる
よ。

解答

演習問題　2-2 から，X と X^2 の確率分布は次のようになる。

X	3	4	5
X^2	9	16	25
P	$\dfrac{9}{27}$	$\dfrac{10}{27}$	$\dfrac{8}{27}$

演習問題　2-2 から，

$$m = E(X) = \frac{107}{27}$$

であり，上の表から X^2 の平均は，

$$E(X^2) = 9 \times \frac{9}{27} + 16 \times \frac{10}{27} + 25 \times \frac{8}{27} = \frac{81 + 160 + 200}{27} = \frac{441}{27}$$

となる。

　よって，X の分散は

$$V(X) = E(X^2) - m^2$$

$$= \frac{441}{27} - \left(\frac{107}{27}\right)^2 = \frac{11907 - 11449}{27^2} = \frac{458}{729}$$

となり，X の標準偏差は，

$$\sigma(X) = \sqrt{V(X)} = \sqrt{\frac{458}{729}} = \frac{\sqrt{458}}{27}$$

となる。

注 $V(X) = E(X^2) - m^2$ を使わずに，$(X-m)^2$ の分布から求めると次のようになって，計算が大変になるよ。

$(X-m)^2$ を考えたときの分散 $V(X)$

X の平均は，演習問題 2-2 より，

$$m = E(X) = \frac{107}{27}$$

であるから，$(X-m)^2$ の確率分布は次の表のようになる。

X	3	4	5
$X-m$	$-\dfrac{26}{27}$	$\dfrac{1}{27}$	$\dfrac{28}{27}$
$(X-m)^2$	$\dfrac{676}{729}$	$\dfrac{1}{729}$	$\dfrac{784}{729}$
P	$\dfrac{9}{27}$	$\dfrac{10}{27}$	$\dfrac{8}{27}$

よって，分散は

$$V(X) = \frac{676}{729} \times \frac{9}{27} + \frac{1}{729} \times \frac{10}{27} + \frac{784}{729} \times \frac{8}{27} = \frac{12366}{3^9} = \frac{458}{3^6} = \frac{458}{729}$$

となる。

ある高校のある学年は A 組と B 組の 2 つの組がある。

この 2 つの組でそれぞれ同じ試験をしたところ，結果は次の表のようになった。

組	人数	平均	分散
A	20	75	25
B	30	60	36

この 2 つの組を合わせた 50 人についての，この試験の点数の平均と分散を求めよ。

💡ポイント

A 組と B 組を合わせちゃうと，平均が変わってくるから，それぞれの生徒の試験の点数の「偏差」も変わってきちゃうよね。

そこで，

$$V(X) = E(X^2) - m^2$$

の関係を上手く使って，A 組と B 組の「2 乗の平均」から，50 人の「2 乗の平均」を求めていくんだよ。

解答

A 組は 20 人で点数の平均が 75 点より，A 組の 20 人の点数の合計を S_A とすると，

$$S_A = 20 \times 75 = 1500 \text{ 点}$$

となり，B 組は 30 人で点数の平均が 60 点より，B 組の 30 人の点数の合計を S_B とすると，

$$S_B = 30 \times 60 = 1800 \text{ 点}$$

となる。

よって，50 人の点数の平均は，

$$\frac{S_A + S_B}{50} = \frac{1500 + 1800}{50} = \frac{3300}{50} = 66 \text{ 点}$$

となる。

　A 組について，20 人の点数をそれぞれ 2 乗した値の平均を T_A とすると，20 人の点数の平均が 75，分散が 25 であるから，

$$（分散）=（2 乗の平均）-（平均）^2$$

より，

$$25 = T_A - 75^2$$
$$\therefore \quad T_A = 75^2 + 25 = 5650$$

となる。

　同様に B 組について，30 人の点数をそれぞれ 2 乗した値の平均を T_B とすると，30 人の点数の平均が 60，分散が 36 であるから，

$$36 = T_B - 60^2$$
$$\therefore \quad T_B = 60^2 + 36 = 3636$$

となる。

　これより，50 人の点数をそれぞれ 2 乗した値の平均は，

$$\frac{20T_A + 30T_B}{50} = \frac{20 \times 5650 + 30 \times 3636}{50}$$
$$= \frac{113000 + 109080}{50}$$
$$= \frac{222080}{50} = 4441.6$$

となる。

　したがって，50 人の試験の点数の分散は，

$$4441.6 - 66^2 = 4441.6 - 4356 = 85.6$$

となる。

確率変数 X の確率分布が,

X	x_1	x_2	$\cdots$	x_n
P	p_1	p_2	$\cdots$	p_n

となっているとき, 確率変数 X^2 の確率分布は

X^2	$x_1{}^2$	$x_2{}^2$	$\cdots$	$x_n{}^2$
P	p_1	p_2	$\cdots$	p_n

となるから,

$$m = E(X) = x_1 p_1 + x_2 p_2 + \cdots + x_n p_n = \sum_{k=1}^{n} x_k p_k$$

$$E(X^2) = x_1{}^2 p_1 + x_2{}^2 p_2 + \cdots + x_n{}^2 p_n = \sum_{k=1}^{n} x_k{}^2 p_k$$

である。

また,

$$\sum_{k=1}^{n} p_k = p_1 + p_2 + \cdots + p_n = 1$$

である。

これより,

$$\begin{aligned}
V(X) &= \sum_{k=1}^{n} (x_k - m)^2 p_k = \sum_{k=1}^{n} (x_k{}^2 - 2m x_k + m^2) p_k \\
&= \sum_{k=1}^{n} x_k{}^2 p_k - \sum_{k=1}^{n} 2m x_k p_k + \sum_{k=1}^{n} m^2 p_k \\
&= E(X^2) - 2m \sum_{k=1}^{n} x_k p_k + m^2 \sum_{k=1}^{n} p_k \\
&= E(X^2) - 2m \cdot m + m^2 \cdot 1 \\
&= E(X^2) - 2m^2 + m^2 \\
&= E(X^2) - m^2 = E(X^2) - \{E(X)\}^2
\end{aligned}$$

が成り立つ。

·····································

確率変数の和と積

ここでは，2つ以上の確率変数が出てきたときについて，その変数の値を足したものなどを考えていくよ。

例 題 ▶ 3−1

サイコロ1個を1回投げたとき，1の目が出たら1点，2か3の目が出たら2点，4〜6の目が出たら3点もらえ，この得点を X とする。

また，1枚のコインを投げたとき，表が出たら1点，裏が出たら2点もらえ，この得点を Y とする。このとき，$X + Y$ の平均を求めよ。

サイコロ1個を1回投げたとき，

  1の目が出る確率　　……　$\dfrac{1}{6}$

  2か3の目が出る確率　……　$\dfrac{2}{6} = \dfrac{1}{3}$

  4〜6の目が出る確率　……　$\dfrac{3}{6} = \dfrac{1}{2}$

だから，確率変数 X の確率分布は次のようになるね。

X	1	2	3
P	$\dfrac{1}{6}$	$\dfrac{1}{3}$	$\dfrac{1}{2}$

また，1枚のコインを投げたとき，表が出る確率も裏が出る確率も $\dfrac{1}{2}$ だから，確率変数 Y の確率分布は次のようになるね。

Y	1	2
P	$\dfrac{1}{2}$	$\dfrac{1}{2}$

でもここでは，$X+Y$ の平均を求めなければいけないから，X と Y の両方を考えないといけないよね。

そこで，実際に X と Y のそれぞれの値での確率を考えると，

$$P(X=1, Y=1) = \frac{1}{6} \times \frac{1}{2} = \frac{1}{12}$$

$$P(X=1, Y=2) = \frac{1}{6} \times \frac{1}{2} = \frac{1}{12}$$

$$P(X=2, Y=1) = \frac{1}{3} \times \frac{1}{2} = \frac{1}{6}$$

$$P(X=2, Y=2) = \frac{1}{3} \times \frac{1}{2} = \frac{1}{6}$$

$$P(X=3, Y=1) = \frac{1}{2} \times \frac{1}{2} = \frac{1}{4}$$

$$P(X=3, Y=2) = \frac{1}{2} \times \frac{1}{2} = \frac{1}{4}$$

となるんだけど，これを表にまとめると，

X＼Y	1	2	計
1	$\frac{1}{12}$	$\frac{1}{12}$	$\frac{1}{6}$
2	$\frac{1}{6}$	$\frac{1}{6}$	$\frac{1}{3}$
3	$\frac{1}{4}$	$\frac{1}{4}$	$\frac{1}{2}$
計	$\frac{1}{2}$	$\frac{1}{2}$	1

となるね。

この表のような対応のことを X と Y の同時分布というよ。

2つの確率変数 X, Y について,

X のとり得る値が, $x_1, x_2, \cdots, x_n$

Y のとり得る値が, $y_1, y_2, \cdots, y_m$

であり,

$$P(X = x_i, \ Y = y_j) = p_{ij}$$

とすると, X と Y の同時分布は次の表のようになる。

X＼Y	y_1	y_2	$\cdots$	y_m	計
x_1	p_{11}	p_{12}	$\cdots$	p_{1m}	p_1
x_2	p_{21}	p_{22}	$\cdots$	p_{2m}	p_2
$\vdots$	$\vdots$	$\vdots$	$\vdots$	$\vdots$	$\vdots$
x_n	p_{n1}	p_{n2}	$\cdots$	p_{nm}	p_n
計	q_1	q_2	$\cdots$	q_m	1

この表において,

$$P(X = x_i) = p_{i1} + p_{i2} + \cdots + p_{im} = p_i$$

$$P(Y = y_j) = p_{1j} + p_{2j} + \cdots + p_{nj} = q_j$$

となっており, X と Y のそれぞれの確率分布は次のようになる。

X	x_1	x_2	$\cdots$	x_n	計
P	p_1	p_2	$\cdots$	p_n	1

Y	y_1	y_2	$\cdots$	y_m	計
P	q_1	q_2	$\cdots$	q_m	1

そして, $X + Y$ の値は次の表のようになるね。

X＼Y	1	2
1	2	3
2	3	4
3	4	5

これらの表から $P(X = x_i, \ Y = y_j) = p_{ij}$ とすると, 求める $X + Y$ の平均は次のようになるよ。

$$E(X + Y) = 2p_{11} + 3p_{12} + 3p_{21} + 4p_{22} + 4p_{31} + 5p_{32}$$

$$= 2 \times \frac{1}{12} + 3 \times \frac{1}{12} + 3 \times \frac{1}{6} + 4 \times \frac{1}{6} + 4 \times \frac{1}{4} + 5 \times \frac{1}{4}$$

$$= \frac{46}{12} = \frac{23}{6} \quad \Longleftrightarrow \boxed{\text{例題 3－1 の答え}}$$

ところで，X と Y のそれぞれの平均は，それぞれの確率分布が，

X	1	2	3
P	$\frac{1}{6}$	$\frac{1}{3}$	$\frac{1}{2}$

Y	1	2
P	$\frac{1}{2}$	$\frac{1}{2}$

となっているから，

$$E(X) = 1 \times \frac{1}{6} + 2 \times \frac{1}{3} + 3 \times \frac{1}{2} = \frac{14}{6} = \frac{7}{3}$$

$$E(Y) = 1 \times \frac{1}{2} + 2 \times \frac{1}{2} = \frac{3}{2}$$

となるよね。この 2 つの値を足すと，

$$E(X) + E(Y) = \frac{7}{3} + \frac{3}{2} = \frac{23}{6}$$

となって，$E(X + Y)$ の値と同じになるね。

実は，2 つの確率変数 X，Y について，次のことが成り立つんだよ。

2つの確率変数 X，Y の平均

2 つの確率変数 X，Y について，

$$E(X + Y) = E(X) + E(Y)$$

が成り立つ。また，変数変換での平均の $E(aX) = aE(X)$（a は定数）
の関係と合わせると，a, b を定数としたとき，

$$E(aX + bY) = aE(X) + bE(Y)$$

が成り立つ。

さらに，3 つの確率変数 X，Y，Z について，

$$E(X + Y + Z) = E(X) + E(Y) + E(Z)$$

が成り立つ。

サイコロ A を投げたときに出た目を X，サイコロ B を投げたときに出た目を Y とする。

(1) $E(X + Y)$ を求めよ。

(2) $Z = 3Y$ とするとき，$E(X + Z)$ を求めよ。

ポイント

サイコロを 1 個投げたときに出た目を確率変数としたときの，その平均を求めて，あとは，$E(X + Y) = E(X) + E(Y)$ の式を利用していくんだ。

解答

確率変数 X について，確率分布は次のようになる。

X	1	2	3	4	5	6
P	$\dfrac{1}{6}$	$\dfrac{1}{6}$	$\dfrac{1}{6}$	$\dfrac{1}{6}$	$\dfrac{1}{6}$	$\dfrac{1}{6}$

これより，X の平均 $E(X)$ は次のようになる。

$$E(X) = 1 \times \frac{1}{6} + 2 \times \frac{1}{6} + 3 \times \frac{1}{6} + 4 \times \frac{1}{6} + 5 \times \frac{1}{6} + 6 \times \frac{1}{6} = \frac{7}{2}$$

Y の確率分布も X と同じであるから，

$$E(Y) = E(X) = \frac{7}{2}$$

となる。

(1) $X + Y$ の平均は，

$$E(X + Y) = E(X) + E(Y) = \frac{7}{2} + \frac{7}{2} = 7$$

となる。

(2) $X + Z = X + 3Y$ であるから，

$$E(X + Z) = E(X + 3Y) = E(X) + 3E(Y) = \frac{7}{2} + 3 \cdot \frac{7}{2} = 14$$

となる。

補足 $E(X+Y)=E(X)+E(Y)$ ⋯⋯⋯⋯⋯⋯⋯⋯⋯⋯⋯⋯⋯⋯⋯⋯⋯

X と Y の同時分布が,

X＼Y	y_1	y_2	$\cdots$	y_m	計
x_1	p_{11}	p_{12}	$\cdots$	p_{1m}	p_1
x_2	p_{21}	p_{22}	$\cdots$	p_{2m}	p_2
$\vdots$	$\vdots$	$\vdots$	$\vdots$	$\vdots$	$\vdots$
x_n	p_{n1}	p_{n2}	$\cdots$	p_{nm}	p_n
計	q_1	q_2	$\cdots$	q_m	1

であるとき，$X+Y$ の平均は,

$$
\begin{aligned}
E(X+Y) &= (x_1+y_1)p_{11}+(x_1+y_2)p_{12}+\cdots+(x_1+y_m)p_{1m} \\
&\quad +(x_2+y_1)p_{21}+(x_2+y_2)p_{22}+\cdots+(x_2+y_m)p_{2m} \\
&\quad +\cdots \\
&\quad +(x_n+y_1)p_{n1}+(x_n+y_2)p_{n2}+\cdots+(x_n+y_m)p_{nm} \\
&= x_1(p_{11}+p_{12}+\cdots+p_{1m})+x_2(p_{21}+p_{22}+\cdots+p_{2m}) \\
&\quad +\cdots+x_n(p_{n1}+p_{n2}+\cdots+p_{nm}) \\
&\quad +y_1(p_{11}+p_{21}+\cdots+p_{n1})+y_2(p_{12}+p_{22}+\cdots+p_{n2}) \\
&\quad +\cdots+y_m(p_{1m}+p_{2m}+\cdots+p_{nm}) \\
&= (x_1p_1+x_2p_2+\cdots+x_np_n)+(y_1q_1+y_2q_2+\cdots+y_mq_m) \\
&= E(X)+E(Y)
\end{aligned}
$$

となる。

　ある2つの確率変数 X, Y があって，

　　　X のとり得る値が，5, 10

　　　Y のとり得る値が，1, 2, 3

となっていたとするね。

　それでこの同時分布が，

X \ Y	1	2	3	計
5	$\dfrac{1}{12}$	$\dfrac{1}{9}$	$\dfrac{5}{36}$	$\dfrac{1}{3}$
10	$\dfrac{1}{6}$	$\dfrac{2}{9}$	$\dfrac{5}{18}$	$\dfrac{2}{3}$
計	$\dfrac{1}{4}$	$\dfrac{1}{3}$	$\dfrac{5}{12}$	1

となっていたとするよ。

　この2つの確率変数について，例えば，

$$P(X=5, Y=2)=\frac{1}{9}$$

となっているけど，

$$P(X=5)=\frac{1}{3}, \quad P(Y=2)=\frac{1}{3}$$

だから，

$$P(X=5, Y=2)=P(X=5)\cdot P(Y=2)$$

が成り立っているよね。

　さらに，この場合，確率変数 X のどんな値 a と，Y のどんな値 b の組でも，

$$P(X=a, Y=b)=P(X=a)\cdot P(Y=b)$$

となっているんだけど，このようになっているときに

　　　確率変数 X, Y は独立である

というんだ。

> ## 独立
>
> 2つの確率変数 X, Y について, どの値の組 $(X, Y) = (x_i, y_j)$ でも
> $$P(X = x_i, Y = y_j) = P(X = x_i) \cdot P(Y = y_j)$$
> となっているとき,
>
> 　　　確率変数 X, Y は独立である
>
> という。

　数学 A の「確率」でも「独立な試行」という言葉が出てきたけど, これは2つの試行（Section **1** にあったね）T_1 と T_2 があったとき, T_1 の結果は T_2 に影響を与えないし, T_2 の結果も T_1 に影響を与えないときに

　　　試行 T_1, T_2 は独立である

ということだったんだ。つまり, ここでの「2つの<u>確率変数が独立である</u>」ということとは意味が変わってくるんだよ。

　だから, 2つの確率変数 X, Y が独立なときに, X と Y がそれぞれ求められる試行が独立な試行とは限らないことになるよ。

　でも逆に, 2つの独立な試行 T_1, T_2 があったとき, T_1 についての確率変数 X と T_2 による確率変数 Y は独立になるんだ。

　具体的に, コインを1枚投げたとき確率変数 X の値を表が出たら1, 裏が出たら2として, サイコロ1個を1回投げるという試行について出る目の値を確率変数 Y とすると, X と Y の同時分布は次のようになるね。

X＼Y	1	2	3	4	5	6	計
1	$\frac{1}{12}$	$\frac{1}{12}$	$\frac{1}{12}$	$\frac{1}{12}$	$\frac{1}{12}$	$\frac{1}{12}$	$\frac{1}{2}$
2	$\frac{1}{12}$	$\frac{1}{12}$	$\frac{1}{12}$	$\frac{1}{12}$	$\frac{1}{12}$	$\frac{1}{12}$	$\frac{1}{2}$
計	$\frac{1}{6}$	$\frac{1}{6}$	$\frac{1}{6}$	$\frac{1}{6}$	$\frac{1}{6}$	$\frac{1}{6}$	1

　この表から, X のどんな値 a と, Y のどんな値 b の間でも,

$$P(X=a, Y=b) = P(X=a) \cdot P(Y=b)$$

となっていることがわかるから，

確率変数 X，Y は独立である

ということになるね。

さて，ここでの，

$X =$（コインを 1 枚投げて表が出たら 1，裏が出たら 2 とする値）

$Y =$（サイコロを 1 個投げたときの出た目）

という 2 つの確率変数 X，Y について，新しい確率変数 Z を

$$Z = XY$$

とすると，Z の値は次のようになるね。

X＼Y	1	2	3	4	5	6
1	1	2	3	4	5	6
2	2	4	6	8	10	12

これと前ページの，X，Y の同時分布から，Z の確率分布は，

Z	1	2	3	4	5	6	8	10	12
P	$\dfrac{1}{12}$	$\dfrac{2}{12}$	$\dfrac{1}{12}$	$\dfrac{2}{12}$	$\dfrac{1}{12}$	$\dfrac{2}{12}$	$\dfrac{1}{12}$	$\dfrac{1}{12}$	$\dfrac{1}{12}$

となるから Z の平均は，

$$E(Z) = 1 \cdot \frac{1}{12} + 2 \cdot \frac{2}{12} + 3 \cdot \frac{1}{12} + 4 \cdot \frac{2}{12} + 5 \cdot \frac{1}{12} + 6 \cdot \frac{2}{12}$$
$$+ 8 \cdot \frac{1}{12} + 10 \cdot \frac{1}{12} + 12 \cdot \frac{1}{12}$$
$$= \frac{1+4+3+8+5+12+8+10+12}{12}$$
$$= \frac{63}{12} = \frac{21}{4}$$

となるんだけど，

$$E(X) = 1 \cdot \frac{1}{2} + 2 \cdot \frac{1}{2} = \frac{3}{2}$$

$$E(Y) = 1 \cdot \frac{1}{6} + 2 \cdot \frac{1}{6} + 3 \cdot \frac{1}{6} + 4 \cdot \frac{1}{6} + 5 \cdot \frac{1}{6} + 6 \cdot \frac{1}{6} = \frac{7}{2}$$

となるから，

$$E(X) \cdot E(Y) = \frac{3}{2} \cdot \frac{7}{2} = \frac{21}{4}$$

より，

$$E(Z) = E(XY) = E(X) \cdot E(Y)$$

が成り立っているね。

　実は，確率変数 X，Y が独立なときは，この関係式が成り立つように
なっているんだ。

独立な確率変数の積の平均

　2つの確率変数 X，Y が<u>独立であるとき</u>，この積 XY の平均について，

$$E(XY) = E(X) \cdot E(Y)$$

が成り立つ。

演習問題　3－2

　5枚のコインを同時に投げる。表の出た枚数について，2つの得点 X，
Y をそれぞれ次のように定める。

・得点 X：表が出た枚数が3枚以上であれば5点，2枚以下であった
　　　　　とき1点
・得点 Y：表が出た枚数が奇数であったとき1点，そうでないとき
　　　　　は4点

このとき，次の問いに答えよ。

(1)　2つの確率変数 X，Y は独立であるかどうか。

(2)　$E(X + Y) = E(X) + E(Y)$, $E(XY) = E(X) \cdot E(Y)$ はそれぞれ
　　成り立つかどうか。

　5枚のコインを同時に投げたときの表の枚数と，その確率は
`演習問題` `1-4` で求めているよ。これをもとに，X と Y の確率分布を
求めていこう。

　そして，「2つの確率変数が独立かどうか」は，定義に従って確認して
いこう。

解答

(1)　得点 X については，

　　　　　5点：表の枚数が 3, 4, 5 枚のとき

　　　　　1点：表の枚数が 0, 1, 2 枚のとき

であり，得点 Y については，

　　　　　1点：表の枚数が 1, 3, 5 枚のとき

　　　　　4点：表の枚数が 0, 2, 4 枚のとき

となる。

　ここで，5枚のうち k 枚だけが表になる確率を p_k とする。このとき，
`演習問題` `1-4` より，k, p_k, 得点 X, Y は，次のようになる。

k	0	1	2	3	4	5
p_k	$\dfrac{1}{32}$	$\dfrac{5}{32}$	$\dfrac{5}{16}$	$\dfrac{5}{16}$	$\dfrac{5}{32}$	$\dfrac{1}{32}$
X	1	1	1	5	5	5
Y	4	1	4	1	4	1

　これより，X, Y のそれぞれについて，確率は次のようになる。

$$P(X=1) = p_0 + p_1 + p_2 = \frac{1}{32} + \frac{5}{32} + \frac{5}{16} = \frac{1}{2}$$

$$P(X=5) = p_3 + p_4 + p_5 = \frac{5}{16} + \frac{5}{32} + \frac{1}{32} = \frac{1}{2}$$

$$P(Y=1) = p_1 + p_3 + p_5 = \frac{5}{32} + \frac{5}{16} + \frac{1}{32} = \frac{1}{2}$$

$$P(Y=4) = p_0 + p_2 + p_4 = \frac{1}{32} + \frac{5}{16} + \frac{5}{32} = \frac{1}{2}$$

よって,

$$P(X=1) \cdot P(Y=1) = \frac{1}{2} \cdot \frac{1}{2} = \frac{1}{4}$$

となるが,一方で表より,

$$P(X=1, Y=1) = p_1 = \frac{5}{32}$$

となり,

$$P(X=1, Y=1) \neq P(X=1) \cdot P(Y=1)$$

となる。

よって,確率変数 X, Y は独立ではない

(2) (1)より,

$$E(X) = 1 \cdot P(X=1) + 5 \cdot P(X=5) = 1 \cdot \frac{1}{2} + 5 \cdot \frac{1}{2} = \frac{6}{2} = 3$$

$$E(Y) = 1 \cdot P(Y=1) + 4 \cdot P(Y=4) = 1 \cdot \frac{1}{2} + 4 \cdot \frac{1}{2} = \frac{5}{2}$$

であり,

$$E(X) + E(Y) = 3 + \frac{5}{2} = \frac{11}{2}$$

$$E(X) \cdot E(Y) = 3 \cdot \frac{5}{2} = \frac{15}{2}$$

となる。

一方,表の枚数 k に対して,$X+Y$ の値は表のようになる。

k	0	1	2	3	4	5
p_k	$\dfrac{1}{32}$	$\dfrac{5}{32}$	$\dfrac{5}{16}$	$\dfrac{5}{16}$	$\dfrac{5}{32}$	$\dfrac{1}{32}$
X	1	1	1	5	5	5
Y	4	1	4	1	4	1
$X+Y$	5	2	5	6	9	6

これより,$X+Y$ の平均は次のようになる。

$$E(X+Y) = 2p_1 + 5(p_0 + p_2) + 6(p_3 + p_5) + 9p_4$$
$$= 2 \cdot \frac{5}{32} + 5\left(\frac{1}{32} + \frac{5}{16}\right) + 6\left(\frac{5}{16} + \frac{1}{32}\right) + 9 \cdot \frac{5}{32}$$

$$= \frac{10 + 55 + 66 + 45}{32} = \frac{176}{32} = \frac{11}{2}$$

よって，

$$E(X + Y) = E(X) + E(Y) \text{ が成り立つ。}$$

さらに，表の枚数 k に対して，XY の値は表のようになる。

k	0	1	2	3	4	5
p_k	$\dfrac{1}{32}$	$\dfrac{5}{32}$	$\dfrac{5}{16}$	$\dfrac{5}{16}$	$\dfrac{5}{32}$	$\dfrac{1}{32}$
X	1	1	1	5	5	5
Y	4	1	4	1	4	1
XY	4	1	4	5	20	5

これより，XY の平均は次のようになる。

$$E(XY) = 1 \cdot p_1 + 4(p_0 + p_2) + 5(p_3 + p_5) + 20p_4$$

$$= 1 \cdot \frac{5}{32} + 4\left(\frac{1}{32} + \frac{5}{16}\right) + 5\left(\frac{5}{16} + \frac{1}{32}\right) + 20 \cdot \frac{5}{32}$$

$$= \frac{5 + 44 + 55 + 100}{32} = \frac{204}{32} = \frac{51}{8}$$

となり，$E(XY) \neq E(X) \cdot E(Y)$ から，

$$E(XY) = E(X) \cdot E(Y) \text{ は成り立たない。}$$

演習問題 3−3

サイコロ A を投げたとき，X の値を 1 が出たら 1，2 か 3 が出たら 2，4 〜 6 が出たら 3 とする。また，サイコロ B を投げたときに出た目を Y とする。このとき，XY の平均を求めよ。

💡 ポイント

サイコロ A を投げたときの結果と，サイコロ B を投げたときの結果は，互いに影響を与えないよね。

ということは，この 2 つの試行は独立だよね。

つまり，確率変数 X，Y は独立だということになるから，「独立な確率変数の積の平均」の式が使えることになるよ。

解答

サイコロ A を投げる試行と，サイコロ B を投げる試行は独立なので，この 2 つの試行のそれぞれについての確率変数 X，Y も独立である。

確率変数 X についての確率分布は次のようになる。

X	1	2	3
P	$\dfrac{1}{6}$	$\dfrac{2}{6}$	$\dfrac{3}{6}$

これより，

$$E(X) = 1 \cdot \frac{1}{6} + 2 \cdot \frac{2}{6} + 3 \cdot \frac{3}{6} = \frac{7}{3}$$

となる。

また，確率変数 Y についての確率分布は次のようになる。

Y	1	2	3	4	5	6
P	$\dfrac{1}{6}$	$\dfrac{1}{6}$	$\dfrac{1}{6}$	$\dfrac{1}{6}$	$\dfrac{1}{6}$	$\dfrac{1}{6}$

これより，

$$E(Y) = 1 \cdot \frac{1}{6} + 2 \cdot \frac{1}{6} + 3 \cdot \frac{1}{6} + 4 \cdot \frac{1}{6} + 5 \cdot \frac{1}{6} + 6 \cdot \frac{1}{6} = \frac{7}{2}$$

となる。

　確率変数 X，Y は独立だから，積 XY の平均は，

$$E(XY) = E(X) \cdot E(Y) = \frac{7}{3} \cdot \frac{7}{2} = \frac{49}{6}$$

となる。

確率変数 X, Y は独立なので, X と Y の同時分布は,

X＼Y	y_1	y_2	$\cdots$	y_m	計
x_1	$p_1 q_1$	$p_1 q_2$	$\cdots$	$p_1 q_m$	p_1
x_2	$p_2 q_1$	$p_2 q_2$	$\cdots$	$p_2 q_m$	p_2
$\vdots$	$\vdots$	$\vdots$	$\vdots$	$\vdots$	$\vdots$
x_n	$p_n q_1$	$p_n q_2$	$\cdots$	$p_n q_m$	p_n
計	q_1	q_2	$\cdots$	q_m	1

となる。

これより, XY の平均は,

$$
\begin{aligned}
E(XY) &= (x_1 y_1)p_1 q_1 + (x_1 y_2)p_1 q_2 + \cdots + (x_1 y_m)p_1 q_m \\
&\quad + (x_2 y_1)p_2 q_1 + (x_2 y_2)p_2 q_2 + \cdots + (x_2 y_m)p_2 q_m \\
&\quad + \cdots \\
&\quad + (x_n y_1)p_n q_1 + (x_n y_2)p_n q_2 + \cdots + (x_n y_m)p_n q_m \\
&= x_1 p_1 (y_1 q_1 + y_2 q_2 + \cdots + y_m q_m) \\
&\quad + x_2 p_2 (y_1 q_1 + y_2 q_2 + \cdots + y_m q_m) \\
&\quad + \cdots \\
&\quad + x_n p_n (y_1 q_1 + y_2 q_2 + \cdots + y_m q_m) \\
&= (x_1 p_1 + x_2 p_2 + \cdots + x_n p_n)(y_1 q_1 + y_2 q_2 + \cdots + y_m q_m) \\
&= E(X) \cdot E(Y)
\end{aligned}
$$

となる。

⇒ 独立な変数の分散はどう？

——独立な確率変数の和の分散

　ここでは独立な確率変数の和を取ったときの分散についてみていくよ。

　58 ページの最初に出てきた，

　　　X のとり得る値が，5, 10

　　　Y のとり得る値が，1, 2, 3

となっていて，その同時分布が，

X＼Y	1	2	3	計
5	$\dfrac{1}{12}$	$\dfrac{1}{9}$	$\dfrac{5}{36}$	$\dfrac{1}{3}$
10	$\dfrac{1}{6}$	$\dfrac{2}{9}$	$\dfrac{5}{18}$	$\dfrac{2}{3}$
計	$\dfrac{1}{4}$	$\dfrac{1}{3}$	$\dfrac{5}{12}$	1

となっている確率変数 X，Y は独立だったといったよね。

　そこで $W = X + Y$ とおいたときの W の分散を考えてみよう。

　W の値は，

X＼Y	1	2	3
5	6	7	8
10	11	12	13

となるから，W と W^2 の確率分布は次のようになるね。

W	6	7	8	11	12	13
W^2	36	49	64	121	144	169
P	$\dfrac{1}{12}$	$\dfrac{1}{9}$	$\dfrac{5}{36}$	$\dfrac{1}{6}$	$\dfrac{2}{9}$	$\dfrac{5}{18}$

だから，W と W^2 の平均はそれぞれ，

$$E(W) = 6 \cdot \frac{1}{12} + 7 \cdot \frac{1}{9} + 8 \cdot \frac{5}{36} + 11 \cdot \frac{1}{6} + 12 \cdot \frac{2}{9} + 13 \cdot \frac{5}{18}$$

$$= \frac{18 + 28 + 40 + 66 + 96 + 130}{36} = \frac{378}{36} = \frac{21}{2}$$

$$E(W^2) = 36 \cdot \frac{1}{12} + 49 \cdot \frac{1}{9} + 64 \cdot \frac{5}{36} + 121 \cdot \frac{1}{6} + 144 \cdot \frac{2}{9} + 169 \cdot \frac{5}{18}$$

$$= \frac{108 + 196 + 320 + 726 + 1152 + 1690}{36} = \frac{4192}{36} = \frac{1048}{9}$$

となるから，W の分散は，分散の公式を使って，

$$V(W) = E(W^2) - \{E(W)\}^2 = \frac{1048}{9} - \left(\frac{21}{2}\right)^2$$

$$= \frac{1048}{9} - \frac{441}{4} = \frac{4192 - 3969}{36} = \frac{223}{36}.$$

と求められるよ。

　次に X と Y の分散をそれぞれ考えてみよう。

　X と X^2 の確率分布は，

X	5	10
X^2	25	100
P	$\dfrac{1}{3}$	$\dfrac{2}{3}$

だから，X と X^2 の平均はそれぞれ

$$E(X) = 5 \cdot \frac{1}{3} + 10 \cdot \frac{2}{3} = \frac{25}{3}$$

$$E(X^2) = 25 \cdot \frac{1}{3} + 100 \cdot \frac{2}{3} = \frac{225}{3}$$

となるから，分散 $V(X)$ は，

$$V(X) = E(X^2) - \{E(X)\}^2 = \frac{225}{3} - \left(\frac{25}{3}\right)^2$$

$$= \frac{675 - 625}{9} = \frac{50}{9}$$

と求められるね。

また，Y と Y^2 の確率分布は

Y	1	2	3
Y^2	1	4	9
P	$\dfrac{1}{4}$	$\dfrac{1}{3}$	$\dfrac{5}{12}$

だから，Y と Y^2 の平均はそれぞれ

$$E(Y) = 1 \cdot \frac{1}{4} + 2 \cdot \frac{1}{3} + 3 \cdot \frac{5}{12}$$

$$= \frac{3 + 8 + 15}{12} = \frac{26}{12} = \frac{13}{6}$$

$$E(Y^2) = 1 \cdot \frac{1}{4} + 4 \cdot \frac{1}{3} + 9 \cdot \frac{5}{12}$$

$$= \frac{3 + 16 + 45}{12} = \frac{64}{12} = \frac{16}{3}$$

となるから，分散 $V(Y)$ は，

$$V(Y) = E(Y^2) - \{E(Y)\}^2 = \frac{16}{3} - \left(\frac{13}{6}\right)^2$$

$$= \frac{192 - 169}{36} = \frac{23}{36}$$

と求められるね。

すると，

$$V(X) + V(Y) = \frac{50}{9} + \frac{23}{36} = \frac{223}{36}$$

となって，これは $V(X + Y)$ の値と同じになるんだ。

つまり，

$$V(X + Y) = V(X) + V(Y)$$

の関係が成り立つんだけど，これは<u>確率変数 X，Y が独立であるときに成り立つ</u>関係なんだ。

独立な確率変数の和の分散

2つの確率変数 X, Y が独立であるとき，この和 $X + Y$ の分散について，

$$V(X + Y) = V(X) + V(Y)$$

が成り立つ。

また，3つの確率変数 X, Y, Z が独立であるときも，この和 $X + Y + Z$ の分散について

$$V(X + Y + Z) = V(X) + V(Y) + V(Z)$$

が成り立つ。

あるポテトチップスをつくっている工場では，「のり塩味」と「コンソメ味」の2種類をつくっている。製造されたポテトチップスの1袋の重さは「のり塩味」「コンソメ味」ともに100gと表記されているが，製造の都合上，つねに100gピッタリにはならない。

そこでなるべく1袋の重さを100gに近づけるために，工場内で調査をした。製造されたポテトチップスから1袋取り出したときの袋を含めた重さを「のり塩味」がXg，「コンソメ味」がYgとしたとき，Xの平均と標準偏差はそれぞれ103gと1g，Yの平均と標準偏差はそれぞれ101gと0.4gであった。

(1)　XとYのそれぞれの分散を求めよ。

(2)　この工場で製造された「のり塩味」と「コンソメ味」を1袋ずつ取り出し，それを5gのテープでとめて販売をした。この重さをZとしたとき，Zの平均と分散を求めよ。

(3)　この工場で製造された「のり塩味」2袋と「コンソメ味」1袋の合わせて3袋を9gのテープでとめて販売をした。この重さをWとしたとき，Wの平均と分散を求めよ。なお，「のり塩味」の袋は十分多くあり，2袋取り出すとき，片方の袋を取り出したことが他の袋を取り出すことに影響しないものとする。

💡ポイント

「のり塩味」を1袋取り出したときと，「コンソメ味」を1袋取り出したときとでは，これらは互いに影響しないから，この試行は独立といえるよね。ということは，確率変数であるX，Yも独立になるから，ここまでで見てきた公式がいろいろ使えそうだよ。

解答

(1)　分散は標準偏差の2乗より，問題文から，
$$V(X) = 1^2 = 1, \quad V(Y) = 0.4^2 = 0.16$$

となる。

(2) 問題文より,
$$E(X) = 103, \quad E(Y) = 101$$
である。

$A = X + Y$ とすると, $Z = X + Y + 5 = A + 5$ であるから,
$$E(Z) = E(A + 5) = E(A) + 5 \qquad \cdots\cdots①$$
$$V(Z) = V(A + 5) = V(A) \qquad \cdots\cdots②$$
が成り立つ。①より,
$$E(Z) = E(X + Y) + 5 = E(X) + E(Y) + 5 = 103 + 101 + 5 = 209$$
となる。

また, X と Y は独立な確率変数なので, ②から,
$$V(Z) = V(X + Y) = V(X) + V(Y) = 1 + 0.16 = 1.16$$
となる。

(3) のり塩味の 1 袋目を取ったときの重さを C, 2 袋目を取ったときの重さを D とすると, この確率分布は X と同じと考えることができるので,
$$E(C) = E(D) = E(X) = 103$$
$$V(C) = V(D) = V(X) = 1$$
となる。

また, 問題文より C, D は独立である。

$B = C + D + Y$ とすると, $W = C + D + Y + 9 = B + 9$ であるから,
$$E(W) = E(B + 9) = E(B) + 9 \qquad \cdots\cdots③$$
$$V(W) = V(B + 9) = V(B) \qquad \cdots\cdots④$$
となる。③より,
$$E(W) = E(C + D + Y) + 9 = E(C) + E(D) + E(Y) + 9$$
$$= 2 \cdot 103 + 101 + 9 = 316$$
となる。

また, C, D, Y を独立な確率変数と考えることができるので,
$$V(W) = V(C + D + Y) = V(C) + V(D) + V(Y)$$
$$= 2V(X) + V(Y) = 2 \cdot 1 + 0.16 = 2.16$$
となる。

補足 独立な確率変数 X, Y について $V(X+Y)=V(X)+V(Y)$ ……

確率変数 X, Y の和 $X+Y$ の分散は,

$$
\begin{aligned}
V(X+Y) &= E((X+Y)^2)-\{E(X+Y)\}^2 \\
&= E(X^2+2XY+Y^2)-\{E(X)+E(Y)\}^2 \\
&= E(X^2)+2E(XY)+E(Y^2) \\
&\quad -[\{E(X)\}^2+2E(X)\cdot E(Y)+\{E(Y)\}^2] \\
&= [E(X^2)-\{E(X)\}^2]+[E(Y^2)-\{E(Y)\}^2] \\
&\quad +2E(XY)-2E(X)\cdot E(Y)
\end{aligned}
$$

となる。

ここで, X, Y は独立なので,

$$
E(XY)=E(X)\cdot E(Y)
$$

が成り立つので,

$$
\begin{aligned}
V(X+Y) &= [E(X^2)-\{E(X)\}^2]+[E(Y^2)-\{E(Y)\}^2] \\
&\quad +2E(X)\cdot E(Y)-2E(X)\cdot E(Y) \\
&= [E(X^2)-\{E(X)\}^2]+[E(Y^2)-\{E(Y)\}^2] \\
&= V(X)+V(Y)
\end{aligned}
$$

となる。

二項分布

⇒ n 回中，ちょうど何回だけ起こる？

——二項分布

数学 A の「確率」のところで，「反復試行の確率」というのがあったのだけど，まずはそれを確認しておこう。

例題 ▶ 4 − 1

1 個のサイコロを 7 回投げたとき，ちょうど 2 回だけ 3 の目が出る確率を求めよ。

サイコロ 1 個を投げたとき，3 の目が出る確率は $\dfrac{1}{6}$，3 以外の目が出る確率は $\dfrac{5}{6}$ となるよね。

だから，7 回サイコロを投げたとき，例えば 1 回目と 2 回目で 3 の目，3〜7 回目では 3 以外の目が出るとすると，次の表のようになるね。

	1回目	2回目	3回目	4回目	5回目	6回目	7回目	
サイコロ	3	3	3以外	3以外	3以外	3以外	3以外	
確率	$\dfrac{1}{6}$ ×	$\dfrac{1}{6}$ ×	$\dfrac{5}{6}$ ×	$\dfrac{5}{6}$ ×	$\dfrac{5}{6}$ ×	$\dfrac{5}{6}$ ×	$\dfrac{5}{6}$ =	$\left(\dfrac{1}{6}\right)^2\left(\dfrac{5}{6}\right)^5$

ところで，「7 回のうち，ちょうど 2 回だけ 3 の目が出る」というパターンは，これ以外にも，次の表のようなのもあるよね。

	1回目	2回目	3回目	4回目	5回目	6回目	7回目	
サイコロ	3以外	3以外	3	3	3以外	3以外	3以外	
確率	$\dfrac{5}{6}$ ×	$\dfrac{5}{6}$ ×	$\dfrac{1}{6}$ ×	$\dfrac{1}{6}$ ×	$\dfrac{5}{6}$ ×	$\dfrac{5}{6}$ ×	$\dfrac{5}{6}$ =	$\left(\dfrac{1}{6}\right)^2\left(\dfrac{5}{6}\right)^5$

この 2 つのどちらのパターンも，確率は $\left(\dfrac{1}{6}\right)^2\left(\dfrac{5}{6}\right)^5$ になっているよね。

つまり，「7 回のうち，ちょうど 2 回だけ 3 の目が出る」という上のようなパターンは，

「1〜7 回目のうち，3 の目が出る 2 回を決める」

ということで，

$$_7\mathrm{C}_2 \text{ 通り}$$

あるんだけど，このどのパターンでも，確率は

$$\left(\frac{1}{6}\right)^2\left(\frac{5}{6}\right)^5$$

となるんだ。

　だから，「7回のうち，ちょうど2回だけ3の目が出る」という確率は，

$\left(\dfrac{1}{6}\right)^2\left(\dfrac{5}{6}\right)^5$ を $_7\mathrm{C}_2$ 通り分足すことで，

$$_7\mathrm{C}_2\left(\frac{1}{6}\right)^2\left(\frac{5}{6}\right)^5$$

となるよ。

$\left(\text{この値を計算すると } \dfrac{21875}{93312} \Longleftrightarrow \boxed{\text{例題 4 } - \text{1 の答え}} \text{ となるよ。}\right)$

　同じように考えると，

「n 回サイコロを投げたとき，ちょうど k 回だけ3の目が出る」

という確率は，3以外の目は $(n-k)$ 回出ることになるから，

$$_n\mathrm{C}_k\left(\frac{1}{6}\right)^k\left(\frac{5}{6}\right)^{n-k}$$

となるんだ。

　他の何回も繰り返し試行する（「**反復試行**」というよ）ときでも，同じように考えると，次のようになるんだ。

反復試行の確率

1回の試行で事象 A が起こる確率を p とする（つまり，1回の試行で A が起こらない確率は $1-p$）。

この試行を n 回行ったとき，ちょうど k 回だけ A が起こる確率は，

$$_n\mathrm{C}_k\, p^k(1-p)^{n-k}$$

となる。

ところで，（例題 4-1）のようにサイコロを7回投げたとき，3の目が出る回数を X とすると，

$$P(X=k) = {}_7C_k \left(\frac{1}{6}\right)^k \left(\frac{5}{6}\right)^{7-k}$$

となって，確率分布は次のようになるね。

k	0	1	2	3
P	${}_7C_0\left(\dfrac{5}{6}\right)^7$	${}_7C_1\left(\dfrac{1}{6}\right)\left(\dfrac{5}{6}\right)^6$	${}_7C_2\left(\dfrac{1}{6}\right)^2\left(\dfrac{5}{6}\right)^5$	${}_7C_3\left(\dfrac{1}{6}\right)^3\left(\dfrac{5}{6}\right)^4$

4	5	6	7
${}_7C_4\left(\dfrac{1}{6}\right)^4\left(\dfrac{5}{6}\right)^3$	${}_7C_5\left(\dfrac{1}{6}\right)^5\left(\dfrac{5}{6}\right)^2$	${}_7C_6\left(\dfrac{1}{6}\right)^6\left(\dfrac{5}{6}\right)$	${}_7C_7\left(\dfrac{1}{6}\right)^7$

　これと同じように，1回の試行で事象 A が起こる確率が p となるとき，この試行を n 回行ったときに A の起こる回数を確率変数 X とすると，その確率分布は

X	0	1	$\cdots$	k	$\cdots$	n
P	${}_nC_0 q^n$	${}_nC_1 pq^{n-1}$	$\cdots$	${}_nC_k p^k q^{n-k}$	$\cdots$	${}_nC_n p^n$

（1回の試行で A が起こらない確率 $1-p$ を q，つまり $q=1-p$ とした）
となるんだ。

　そして，確率変数 X について，確率分布がこの表のようになるとき，この確率分布を

　　　確率 p に対する次数 n の二項分布

といって，

　　　$B(n,\ p)$

と表すんだ。

　そして，

　　　確率変数 X は二項分布 $B(n,\ p)$ に従う

というんだ。

　この二項分布を使うと，（例題 4-1）は次の問題と同じになるよ。

例 題 ▶ **4－1改**

確率変数 X が，二項分布 $B\left(7, \dfrac{1}{6}\right)$ に従うとき，$X = 2$ となる確率を求めよ。

確率変数 X が，二項分布 $B(n, p)$ に従うとき，

$$P(X = k) = {}_n\mathrm{C}_k\, p^k\, (1-p)^{n-k}$$

だから，この **例 題** ▶ **4－1改** のときは，$n = 7$，$p = \dfrac{1}{6}$ で，さらに $k = 2$ として，

$$P(X = 2) = {}_7\mathrm{C}_2 \left(\frac{1}{6}\right)^2 \left(1 - \frac{1}{6}\right)^{7-2}$$

$$= {}_7\mathrm{C}_2 \left(\frac{1}{6}\right)^2 \left(\frac{5}{6}\right)^5 \left(= \frac{21875}{93312} \; \Leftleftarrows \; \boxed{\text{例題 4－1改 の答え}} \right)$$

となるわけだね。

次の二項分布に従う確率変数に対して，それぞれの二項分布 $B(n, p)$ における n, p の値を求めよ。

(1)　2個のサイコロを同時に投げることを12回行ったとき，2個のサイコロの目の積が偶数である回数。

(2)　3枚のコインを同時に投げることを10回行ったとき，3枚とも表が出る回数。

ポイント

試行を行う回数は書いてあるから，n についてはすぐに求められるよ。あとは，p を求めよう！

解答

(1)　2個のサイコロを同時に投げることを12回行うので，

$$n = 12$$

p は，

　　　「2個のサイコロの目の積が偶数」

となる確率である。これは

　　　「2個のサイコロのうち少なくとも1個が偶数の目」

となるときで，この余事象は

　　　「2個のサイコロがともに奇数の目」

となるときである。

　1個のサイコロで奇数の目が出るのは，1，3，5 のいずれかの目が出るときなので，2個のサイコロがともに奇数となる確率は，

$$\frac{3}{6} \times \frac{3}{6} = \frac{1}{4}$$

　よって，この余事象の確率が p なので，

$$p = 1 - \frac{1}{4} = \frac{3}{4}$$

である。

注 事象 A について，その余事象（「A が起こらない」という事象）を
$\overline{A}$ で表して
$$P(\overline{A}) = 1 - P(A)$$
となることを使ったよ。

(2) 3枚のコインを同時に投げることを 10 回行うので，
$$n = 10$$
p は，
　　　「3枚のコインを投げたとき，3枚とも表」
となる確率である。

　1枚のコインを投げたとき，表が出る確率は $\dfrac{1}{2}$ であるから，

$$p = \dfrac{1}{2} \times \dfrac{1}{2} \times \dfrac{1}{2} = \dfrac{1}{8}$$

である。

1個のサイコロを5回投げるとき，3の倍数の目が出る回数が4回以上である確率を求めよ。

ポイント

　この確率分布は，$n = 5$ で，p が「1個のサイコロを投げて3の倍数の目が出る」という確率のときの二項分布 $B(n, p)$ に従うから，そのことを使おう！

解答

　1個のサイコロを投げて3の倍数の目が出るのは，3，6のいずれかの目が出るときより，その確率は，

$$\frac{2}{6} = \frac{1}{3}$$

となる。

　よって，1個のサイコロを5回投げるときの3の倍数の目が出る回数を X とすると，X は $B\left(5, \dfrac{1}{3}\right)$ の二項分布に従うので，

$$P(X = k) = {}_5C_k \left(\frac{1}{3}\right)^k \left(1 - \frac{1}{3}\right)^{5-k} = {}_5C_k \left(\frac{1}{3}\right)^k \left(\frac{2}{3}\right)^{5-k}$$

となる。（$k = 0, 1, \cdots, 5$）

　求める確率は $X \geqq 4$ となる確率より，

$$
\begin{aligned}
P(X \geqq 4) &= P(X = 4) + P(X = 5) \\
&= {}_5C_4 \left(\frac{1}{3}\right)^4 \left(\frac{2}{3}\right)^1 + {}_5C_5 \left(\frac{1}{3}\right)^5 \left(\frac{2}{3}\right)^0 \\
&= 5 \left(\frac{1}{3}\right)^4 \frac{2}{3} + \left(\frac{1}{3}\right)^5 \\
&= \frac{5 \cdot 2 + 1}{3^5} = \frac{11}{243}
\end{aligned}
$$

となる。

二項分布の確率の和 ⋯⋯⋯⋯⋯⋯⋯⋯⋯⋯⋯⋯⋯⋯⋯⋯⋯⋯⋯⋯⋯⋯⋯⋯

二項分布 $B(n, p)$ は，表のようになる。（ただし，$q = 1 - p$）

X	0	1	⋯	k	⋯	n
P	${}_nC_0 q^n$	${}_nC_1 pq^{n-1}$	⋯	${}_nC_k p^k q^{n-k}$	⋯	${}_nC_n p^n$

一方，二項定理より，

$$(q + p)^n = {}_nC_0 q^n + {}_nC_1 pq^{n-1} + \cdots + {}_nC_k p^k q^{n-k} + \cdots + {}_nC_n p^n \quad \cdots\cdots ①$$

となるが，この右辺は上の表の確率の和である。

また，$q = 1 - p$ であるから，

$$(①の左辺) = \{(1 - p) + p\}^n = 1^n = 1$$

となる。

よって，

$${}_nC_0 q^n + {}_nC_1 pq^{n-1} + \cdots + {}_nC_k p^k q^{n-k} + \cdots + {}_nC_n p^n = 1$$

が成り立ち，二項分布の確率の和は1になる。

注 二項定理（数学Ⅱ）

$$(a + b)^n = \sum_{k=0}^{n} {}_nC_k a^{n-k} b^k$$
$$= {}_nC_0 a^n + {}_nC_1 a^{n-1} b + {}_nC_2 a^{n-2} b^2 +$$
$$\cdots + {}_nC_k a^{n-k} b^k + \cdots + {}_nC_n b^n$$

⇨ 二項分布の特徴をみよう

──二項分布の平均と分散

二項分布の平均とか分散を計算していくのに，ここでは二項分布に従う確率変数 X についてちょっと違った見方をしていくよ。

1回につき確率 p で起こる事象を A とすると，二項分布 $B(n, p)$ に従う確率変数 X の値は，

「n 回中，A が起こるのは何回か」

だったよね。

ここで，n 回中の k 回目の試行で決まる確率変数 X_k というのを考えて，

$$X_k = \begin{cases} 0 & (A \text{ が起こらないとき}) \\ 1 & (A \text{ が起こるとき}) \end{cases}$$

とするよ。

すると，例えば5回この試行をしたときに，A が1，3，4回目だけ起こったとすると，

$$X_1 = 1, X_2 = 0, X_3 = 1, X_4 = 1, X_5 = 0$$

となるんだけど，これの和をとると，

$$X_1 + X_2 + X_3 + X_4 + X_5$$
$$= 1 + 0 + 1 + 1 + 0 = 3$$

となって，「5回中，A が何回起こったか」の回数になるよね。

つまり，

$$X = X_1 + X_2 + \cdots + X_n \qquad \cdots\cdots①$$

が成り立つことになるんだ。

ところで，X_k の確率分布は次のようになるよね。

X_k	0	1	計
P	q	p	1

ここで，q は「A が起こらない確率」で，$q = 1 - p$ だよ。

この確率分布から，X_k と $X_k{}^2$ の平均は，

$$E(X_k) = 0 \cdot q + 1 \cdot p = p$$

$$E(X_k{}^2) = 0^2 \cdot q + 1^2 \cdot p = p$$

となるね。

そしてこれらを使うと，X_k の分散は，**Section ②** で学んだ式から，

$$V(X_k) = E(X_k{}^2) - \{E(X_k)\}^2 = p - p^2 = p(1-p) = pq$$

と求められるんだ。

①の式と，**Section ③** で学んだ式から，

$$
\begin{aligned}
E(X) &= E(X_1 + X_2 + X_3 + \cdots + X_n) \\
&= E(X_1) + E(X_2) + E(X_3) + \cdots + E(X_n) \\
&= p + p + p + \cdots + p \\
&= np
\end{aligned}
$$

となるんだ。

それから分散についても，X_1，X_2，$\cdots$，X_n はそれぞれ「独立な試行」から出てくる値だから，「互いに独立」になっているよね。だから，**Section ③** で学んだ式から，

$$
\begin{aligned}
V(X) &= V(X_1 + X_2 + X_3 + \cdots + X_n) \\
&= V(X_1) + V(X_2) + V(X_3) + \cdots + V(X_n) \\
&= pq + pq + pq + \cdots + pq \\
&= npq
\end{aligned}
$$

となるよ。

二項分布の平均と分散

確率変数 X が二項分布 $B(n, p)$ に従うとき，$q = 1 - p$ とすると，

$$E(X) = np,$$
$$V(X) = npq = np(1-p)$$

となる。

また，標準偏差の 2 乗が分散なので，X の標準偏差 $\sigma(X)$ は，

$$\sigma(X) = \sqrt{V(X)} = \sqrt{npq}$$

となる。

これを使うと，次のような問題のときにすぐに答えが出るよ。

例 題　4－2

確率変数 X が二項分布 $B\left(12, \dfrac{1}{3}\right)$ に従うとき，X の平均と分散を求めよ。

この問題では，確率変数 X が二項分布 $B\left(12, \dfrac{1}{3}\right)$ に従うということだから，

$$E(X) = 12 \cdot \frac{1}{3} = 4$$

⇦ **例題　4－2 の答え**

$$V(X) = 12 \cdot \frac{1}{3}\left(1 - \frac{1}{3}\right) = \frac{8}{3}$$

と求められるんだ。

ちなみに，標準偏差 $\sigma(X)$ は，

$$\sigma(X) = \sqrt{V(X)} = \sqrt{\frac{8}{3}} = \frac{2\sqrt{6}}{3}$$

となるよ。

3枚のコインを同時に投げることを10回行ったときの，3枚とも表が出る回数を確率変数 X とするとき，X の平均と分散を求めよ。

ポイント

演習問題 **4－1(2)** と同じ設定だから，X は二項分布で，$B(n, p)$ の n と p もわかるね。

あとは，ここで学んだことを使えばいいんだよ。

解答

X は二項分布に従う確率変数で，この二項分布を $B(n, p)$ とすると，演習問題 **4－1(2)** より，

$$n = 10, \quad p = \frac{1}{8}$$

となる。

これより，X の平均は，

$$E(X) = np = 10 \cdot \frac{1}{8} = \frac{5}{4}$$

であり，また，X の分散は，

$$V(X) = np(1-p) = 10 \cdot \frac{1}{8}\left(1 - \frac{1}{8}\right) = \frac{35}{32}$$

となる。

確率変数 X は二項分布に従い，$X=0$ となる確率は正である。また，$X=1$ となる確率は $X=0$ となる確率の 6 倍，$X=2$ となる確率は $X=1$ となる確率の 2 倍である。このとき，$X=2$ となる確率を求めよ。

ポイント

「X は二項分布に従い」とあるから，

$$P(X=k)={}_n\mathrm{C}_k\,p^k(1-p)^{n-k}$$

と表せるんだけど，この式の n と p の値が分からないよね。

　2 つの文字の値が分からないから，その文字の個数，つまり，2 個の式を立てる必要があるよね。

　そこで，問題文の話から，n と p の式を立てることになるんだ。

解答

　確率変数 X は少なくとも 0，1，2 の値をとり，二項分布に従うので，2 以上の自然数 n と $0<p<1$ の実数 p を用いて，

$$P(X=k)={}_n\mathrm{C}_k\,p^k(1-p)^{n-k}\quad(k=0,\,1,\,2,\,\cdots,\,n)$$

と表すことができる。

$P(X=0)\times 6=P(X=1)$ より，

$$\begin{aligned}
&{}_n\mathrm{C}_0\,p^0(1-p)^n\times 6={}_n\mathrm{C}_1\,p^1(1-p)^{n-1}\\
&6(1-p)^n=np(1-p)^{n-1}\\
&6(1-p)=np \qquad\qquad\qquad\qquad\qquad\cdots\cdots①
\end{aligned}$$

が成り立つ。

　また，$P(X=1)\times 2=P(X=2)$ より，

$$\begin{aligned}
&{}_n\mathrm{C}_1\,p^1(1-p)^{n-1}\times 2={}_n\mathrm{C}_2\,p^2(1-p)^{n-2}\\
&2np(1-p)^{n-1}=\frac{n(n-1)}{2}p^2(1-p)^{n-2}\\
&4(1-p)=(n-1)p
\end{aligned}$$

$$4 - 3p = np \qquad \cdots\cdots ②$$

が成り立つ。

①，②より，

$$6(1-p) = 4 - 3p$$

$$3p = 2$$

$$\therefore \quad p = \frac{2}{3}$$

となり，これと，②から，

$$4 - 3 \cdot \frac{2}{3} = \frac{2}{3}n$$

$$\frac{2}{3}n = 2$$

$$\therefore \quad n = 3$$

となる。

以上より，

$$P(X = k) = {}_3\mathrm{C}_k\left(\frac{2}{3}\right)^k\left(1 - \frac{2}{3}\right)^{3-k} = {}_3\mathrm{C}_k\left(\frac{2}{3}\right)^k\left(\frac{1}{3}\right)^{3-k}$$

となるので，

$$P(X = 2) = {}_3\mathrm{C}_2\left(\frac{2}{3}\right)^2\left(\frac{1}{3}\right) = \frac{4}{9}$$

となる。

正規分布

⇨ 確率を表すグラフ？
—— ヒストグラムと確率密度関数

まずここで，相対度数とヒストグラムについて確認していくよ。

例 題 ▶ 5 - 1

次の表は，1200 人のハンドボール投げの記録である。

階級	度数
0 m 以上 5 m 未満	100
5 m 以上 10 m 未満	200
10 m 以上 15 m 未満	700
15 m 以上 20 m 未満	200

(1) この記録の各階級の相対度数をそれぞれ小数第 3 位まで求めよ。
(2) (1)の相対度数についてヒストグラムを描け。

まず，相対度数については，

（相対度数）＝（度数）÷（度数の合計）

となるよね。

だから，この問題での「0 m 以上 5 m 未満」の階級での相対度数は

$100 \div 1200 = 0.0833\cdots$

から，0.083 となるよ。

この計算をすべての階級ですると，

・5 m 以上 10 m 未満と 15 m 以上 20 m 未満はともに，

$200 \div 1200 = 0.1666\cdots$ より，0.167

・10 m 以上 15 m 未満は，

$700 \div 1200 = 0.5833\cdots$ より，0.583

となって，次のような表ができるね。

階級	相対度数
0 m 以上　5 m 未満	0.083
5 m 以上 10 m 未満	0.167
10 m 以上 15 m 未満	0.583
15 m 以上 20 m 未満	0.167

⟻ 例題 5－1 (1) の答え

　ここで，相対度数の合計が 1 になることを考えると，この相対度数は「確率」と同じ意味になってくるんだ。

　例えば，この 1200 人から 1 人選んだときに，その人のハンドボール投げの記録が「0 m 以上 5 m 未満」である確率は，

　　0.083

となるということだね。

　つまり，上の表は，1200 人から 1 人選んだときのハンドボール投げの記録を X としたときの，確率変数 X の確率分布にもなっているんだ。

　さて，この表をヒストグラムにすると次のようになるよ。

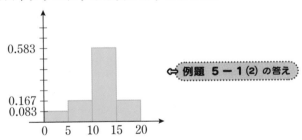

⟻ 例題 5－1 (2) の答え

　そしてこのグラフは，1200 人から 1 人選んだときのハンドボール投げの記録を X としたときの，確率変数 X の確率分布を表すグラフにもなっているんだね。

　ところで，ヒストグラムは「相対度数」を「高さ」ではなくて「面積」で表しているということを確認しよう。

　例えば，この問題の 2 つの階級「0 m 以上 5 m 未満」と「5 m 以上 10 m 未満」が 1 つの階級になっていたとすると，表は次のようになるね。

階級	相対度数
0 m 以上 10 m 未満	0.250
10 m 以上 15 m 未満	0.583
15 m 以上 20 m 未満	0.167

　このときに，相対度数を「高さ」で表すと，

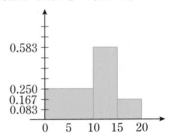

となってしまうけど，これだと，「0 m 以上 10 m 未満」の階級が元のヒストグラムより多く見えてしまうよね。

　だから，「面積」で表すのだけど，階級の幅が 2 倍になった分，高さを半分にして，次のようにしたのが，正しいヒストグラムになるんだ。

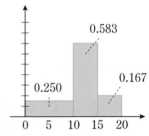

　確かにこうすると，元のヒストグラムの雰囲気が崩れないよね。

　ここで今度は，このヒストグラムで階級を細かくしていくことを考えてみよう。

　このハンドボール投げの記録で，1200 人の記録を集計し直して「10 m 以上 15 m 未満」の 700 人を 2 つに分けたとき，

階級	度数	相対度数
0 m 以上　　5 m 未満	100	0.083
5 m 以上　　10 m 未満	200	0.167
10 m 以上 12.5 m 未満	400	0.333
12.5 m 以上　　15 m 未満	300	0.250
15 m 以上　　20 m 未満	200	0.167

となったとするよ。

　ヒストグラムは「面積」で相対度数を表すから，下の図1の細かくした
ヒストグラムのAとBを合わせた面積が，下の図2の元のヒストグラム
のCの面積と同じになるようにするんだよ。

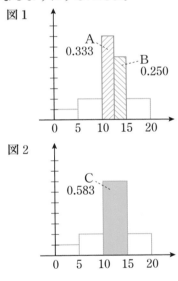

図1

図2

このデータでのそれぞれの階級をさらにどんどん細かくしていくと，ヒストグラムは下の図のようになると考えられるんだ。

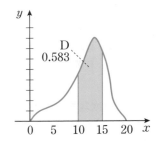

すると，このグラフのDの部分の面積が，元のヒストグラムのCの面積と同じになるよ。

確率変数 X の確率分布が，この最後のグラフのように表すことができるとき，X を連続型確率変数，このような確率分布を連続分布というよ。
そして，このグラフが $y = f(x)$ と表されるとき，関数 $f(x)$ を確率密度関数，$y = f(x)$ のグラフを分布曲線というんだ。

確率密度関数

$P(a \leqq X \leqq b)$ が，図のように $y = f(x)$ のグラフ，直線 $x = a$，直線 $x = b$，x 軸で囲まれる部分の面積となるような関数 $f(x)$ を確率密度関数という。

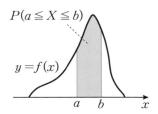

$f(x)$ は，次の特徴をもつ。

(ⅰ)　$P(a \leqq X \leqq b)$ は，$y = f(x)$ のグラフ，直線 $x = a$，直線 $x = b$，x 軸で囲まれる部分の面積と等しい。

(ⅱ)　x によらず，$f(x) \geqq 0$ となっている。

(ⅲ)　$y = f(x)$ と x 軸で囲まれる部分の全体の面積は 1 である。

(ⅰ)の面積は，積分の記号を使うと $\displaystyle\int_a^b f(x)dx$ と表されるから，

$$P(a \leqq X \leqq b) = \int_a^b f(x)dx$$

となるよ。

$0 \leqq x \leqq 2$ の値をとる（連続型）確率変数 X の確率密度関数が，

$$f(x) = \begin{cases} ax & (0 \leqq x \leqq 1 \text{のとき}) \\ a(2-x) & (1 \leqq x \leqq 2 \text{のとき}) \end{cases}$$

と表されるとき，$y = f(x)$ のグラフは，図のようになる。

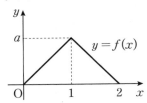

(1)　a の値を求めよ。

(2)　$P(0 \leqq X \leqq 1.5)$ を求めよ。

ポイント

　(1)については，確率密度関数のグラフと x 軸で囲まれる部分全体の面積が 1 になることがポイントだよ。

　(2)については，$y = f(x)$，直線 $x = 0$，直線 $x = 1.5$，x 軸で囲まれる部分の面積を求めればいいんだね。

解答

(1)　$y = f(x)$ と x 軸で囲まれる部分全体は，底辺が 2，高さが a の三角形であるので，その面積は，

$$\frac{1}{2} \cdot 2 \cdot a = a$$

となる。

　これが 1 となるので，

$$a = 1$$

である。

(2)　$P(0 \leqq X \leqq 1.5)$ は，次の図の赤色部分の面積となる。

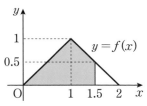

　この部分を直線 $x=1$ の左右で分けて考えると，左は底辺が1，高さが1の三角形，右は台形になるので，

$$P(0 \leqq X \leqq 1.5) = P(0 \leqq X \leqq 1) + P(1 \leqq X \leqq 1.5)$$

$$= \frac{1}{2} \cdot 1 \cdot 1 + \frac{1}{2}(1 + 0.5) \cdot 0.5$$

$$= \frac{1}{2} + \frac{1}{2} \cdot \frac{3}{2} \cdot \frac{1}{2} = \frac{7}{8}$$

となる。

注　(2)については，$0 \leqq X \leqq 1.5$ の余事象が $1.5 \leqq X \leqq 2$ で，$P(1.5 \leqq X \leqq 2)$ は，上の図の赤色じゃない部分（白い部分）の三角形の面積になるから，次のように出すこともできるよ。

$$P(0 \leqq X \leqq 1.5) = P(0 \leqq X \leqq 2) - P(1.5 \leqq X \leqq 2)$$

$$= 1 - \frac{1}{2} \cdot 0.5 \cdot 0.5$$

$$= 1 - \frac{1}{8} = \frac{7}{8}$$

ここで，**Section** ❹ で学んだ二項分布について，そのグラフを見てみ
よう。

次の図は，$B(n, 0.2)$ の $n = 10, 50, 100$ のときの横軸を二項分布 $B(n, 0.2)$
に従う確率変数 X，縦軸をその確率 $P(X)$ としたグラフだよ。

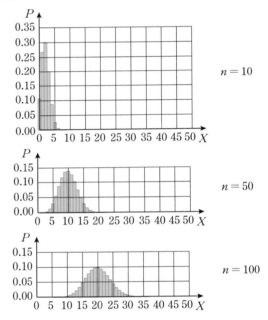

このnを大きくしていくと，だんだんと，次のグラフのような形にな
りそうだよね。

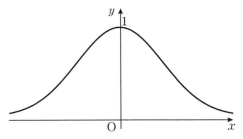

このグラフは，

$$y = e^{-\frac{x^2}{2}}$$

という関数のグラフなんだけど，実際に，二項分布 $B(n, p)$ の n を大きくすると，その確率分布はこの関数のグラフの形に近づいていくことが知られているんだ。

この関数にある e というのは「自然対数の底」あるいは「ネイピア数」と呼ばれている定数で，

$$e = 2.71828182\cdots$$

となっている数なんだよ。

ところで，確率密度関数の話で，確率密度関数のグラフと x 軸で囲まれる部分の全体の面積は 1 になっていなければならなかったね。

でも，$y = e^{-\frac{x^2}{2}}$ と x 軸で囲まれる部分全体の面積は $\sqrt{2\pi}$ になってしまうので，このグラフの高さを $\frac{1}{\sqrt{2\pi}}$ 倍した，

$$y = \frac{1}{\sqrt{2\pi}} e^{-\frac{x^2}{2}}$$

というのを考えるんだ。

そうすれば，この関数のグラフは次の図のようになって，このグラフと x 軸で囲まれる部分全体の面積が 1 になってくれるよ。

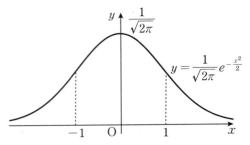

そして，この関数のグラフが表す確率分布を標準正規分布というんだ。

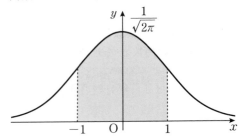

　ところで，上の図のように，このグラフと直線 $x = -1$，直線 $x = 1$，x 軸で囲まれる部分の面積を考えると，この面積にあたる値が，

　　　「いろいろな現象で，その値が (平均) $\pm$ (標準偏差) に含まれる確率」

になることが知られているんだ。

　一方で，確率分布がこのグラフと同じような形になる確率変数 X があって，その平均を m，標準偏差を σ としたとき，$X = x$ に対して，

$$z = \frac{x - m}{\sigma}$$ ……①

という変数 z を考えると，

・$x = m$ のとき，$z = \dfrac{m - m}{\sigma} = 0$

・$x = m + \sigma$ のとき，$z = \dfrac{(m + \sigma) - m}{\sigma} = \dfrac{\sigma}{\sigma} = 1$

・$x = m - \sigma$ のとき，$z = \dfrac{(m - \sigma) - m}{\sigma} = \dfrac{-\sigma}{\sigma} = -1$

となるよね。

このzが，標準正規分布の確率密度関数

$$g(z) = \frac{1}{\sqrt{2\pi}} e^{-\frac{z^2}{2}}$$

の変数になっているとき，このzに①を代入すると，

$$g\left(\frac{x-m}{\sigma}\right) = \frac{1}{\sqrt{2\pi}} e^{-\frac{(x-m)^2}{2\sigma^2}}$$

となるよ。そして，この関数のグラフ

$$y = \frac{1}{\sqrt{2\pi}} e^{-\frac{(x-m)^2}{2\sigma^2}}$$

を考えると，元の $y = g(z)$ の

$z = 0$ のところが $x = m$,

$z = \pm 1$ のところが $x = m \pm \sigma$（複号同順）

となり，次のようなグラフになるんだ。

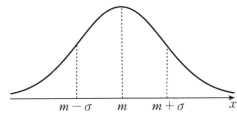

ただ，このグラフだと，$y = g(z)$ のグラフと比べて，全体に横方向にグラフが σ 倍になって，グラフと x 軸で囲まれる部分全体の面積も σ 倍になっているから，高さを $\frac{1}{\sigma}$ 倍して，

$$y = \frac{1}{\sqrt{2\pi}\,\sigma} e^{-\frac{(x-m)^2}{2\sigma^2}}$$

としてあげると，このグラフと x 軸で囲まれる部分全体の面積が1になるんだ。

この関数を $f(x)$, つまり，

$$f(x) = \frac{1}{\sqrt{2\pi}\,\sigma} e^{-\frac{(x-m)^2}{2\sigma^2}}$$

としておいて，そして，ある連続型確率変数 X の確率密度関数が，この

$f(x)$ になっているとき，

　　　　X は正規分布 $N(m, \sigma^2)$ に従う

といって，この $y = f(x)$ のグラフを正規分布曲線というんだ。

　自然現象をはじめとしたさまざまな現象で，平均が m で，バラツキの大きさ，つまり，標準偏差が σ になっているものは，その確率分布が正規分布 $N(m, \sigma^2)$ に従うことが多いんだよ。

正規分布

　連続型確率変数 X の確率密度関数が，

$$f(x) = \frac{1}{\sqrt{2\pi}\,\sigma} e^{-\frac{(x-m)^2}{2\sigma^2}}$$

で与えられるとき，

　　　　X は正規分布 $N(m, \sigma^2)$ に従う

という。また，このとき，

　　　　$E(X) = m, \quad \sigma(X) = \sigma$

となる。

　ところで，標準正規分布といわれていた，

$$y = g(z) = \frac{1}{\sqrt{2\pi}} e^{-\frac{z^2}{2}}$$

だけど，これは $f(x)$ の x を z，$m = 0$，$\sigma = 1$ にしたものだから，

　　　　正規分布 $N(0, 1)$

を表すグラフとなる関数になり，これを標準正規分布 $N(0, 1)$ といったりするんだ。

　そして逆に，確率変数 X が正規分布 $N(m, \sigma^2)$ に従うときに，新しい確率変数 Z として

$$Z = \frac{X - m}{\sigma}$$

を考えると，この確率変数 Z は，

$$y = g(z) = \frac{1}{\sqrt{2\pi}} e^{-\frac{z^2}{2}}$$

を満たすから，Z は標準正規分布 $N(0, 1)$ に従うことになるんだけど，このときの Z を

　　　　X を標準化した確率変数

というんだ。

　この $y = g(z)$ について，次の図のような面積 $u(z)$ の値が，この本の 191 ページにある正規分布表としてまとめられているんだ。

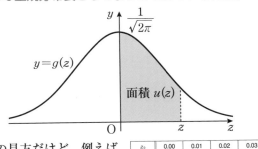

　正規分布表の見方だけど，例えば，

　　　　$u(2.15)$

という値を見たいときは，

　　　　$2.15 = 2.1 + 0.05$

だから，左端に縦に並んでいる数の「2.1」と上の端に横に並んでいる数の「0.05」に注目して，

　　　　「2.1」の右に並んでいる数と

　　　　「0.05」の下に並んでいる数の共通のところ

にある

　　　　0.4842

がその値，つまり，

　　　　$u(2.15) = 0.4842$

となるんだ。

　この表を使うと，確率変数 Z が標準正規分布 $N(0, 1)$ に従うときの，いろいろな確率が求められるよ。

確率変数 Z が，標準正規分布 $N(0, 1)$ に従うとき，以下の確率を求めよ。

(1) $P(0 \leq Z \leq 2)$

(2) $P(Z \geq 1)$

(3) $P(Z \leq 1.5)$

(4) $P(Z \leq -1.5)$

ポイント

まず，正規分布のグラフで囲まれる，どこの部分の面積を求めればよいのかを考えるよ。

それから，その面積を「正規分布表」を上手く使って求めていくんだ。

解答

(1) $P(0 \leq Z \leq 2)$ の確率は，次の図の赤色部分の面積になる。

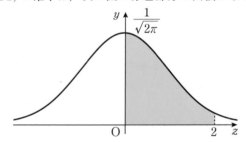

これは正規分布表より，

$$P(0 \leq Z \leq 2) = u(2) = 0.4772$$

となる。

(2)　$P(Z \geqq 1)$ の確率は，次の図の赤色部分の面積になる。

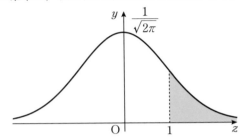

　　ここで，このグラフと x 軸で囲まれた部分全体の面積は 1 で，この
グラフは y 軸に関して対称になっているから，このグラフと x 軸で囲
まれた部分のうち，y 軸より右側全体の面積は $\dfrac{1}{2} = 0.5$，つまり，

$$P(Z \geqq 0) = 0.5$$

である。

　　この求めたい面積は，この 0.5 から $u(1)$ を引けばいいので，

$$P(Z \geqq 1) = P(Z \geqq 0) - P(0 \leqq Z \leqq 1)$$
$$= 0.5 - u(1) = 0.5 - 0.3413$$
$$= 0.1587$$

となる。

(3)　$P(Z \leqq 1.5)$ の確率は，次の図の赤色部分の面積になる。

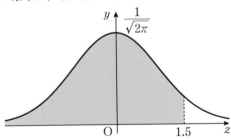

　　このグラフは y 軸に関して対称だから，y 軸より右側だけでなく，左
側全体も面積が 0.5，つまり，

$$P(Z \leqq 0) = 0.5$$

となる。

これを使うと，次のように求められる。

$$P(Z \leqq 1.5) = P(Z \leqq 0) + P(0 \leqq Z \leqq 1.5)$$
$$= 0.5 + u(1.5) = 0.5 + 0.4332$$
$$= 0.9332$$

(4)　$P(Z \leqq -1.5)$ の確率は，次の図の赤色部分の面積になる。

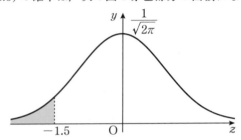

このグラフが y 軸に関して対称ということは，このグラフで，

　　$-1.5 \leqq Z \leqq 0$ の部分と $0 \leqq Z \leqq 1.5$ の部分は y 軸対称

となるから，

$$P(-1.5 \leqq Z \leqq 0) = P(0 \leqq Z \leqq 1.5)$$

となる。

このことを用いると，次のように求められる。

$$P(Z \leqq -1.5) = P(Z \leqq 0) - P(-1.5 \leqq Z \leqq 0)$$
$$= 0.5 - P(0 \leqq Z \leqq 1.5)$$
$$= 0.5 - u(1.5) = 0.5 - 0.4332$$
$$= 0.0668$$

⇨ 正規分布のときの確率を求めよう
──標準化した確率変数

ここでは，正規分布に従っている変数についての確率を求めていくよ。

例題 ▶ 5-2

ある高校の2年生の男子生徒 150 人について，その身長 X が，平均 170 cm，標準偏差 6 cm の正規分布に従うとする。
(1) $P(X \geqq 180)$ を求めよ。
(2) 身長が 180 cm 以上である生徒はおよそ何人か。

身長 X が確率変数で，これが平均 170 cm，標準偏差 6 cm の正規分布に従うということは，この確率密度関数は，

$$f(x) = \frac{1}{\sqrt{2\pi} \times 6} e^{-\frac{(x-170)^2}{2 \times 6^2}}$$

となって，そのグラフは次のようになるよ。

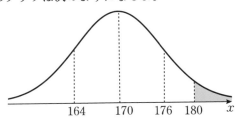

そして，$P(X \geqq 180)$ の値は，上の図の赤色部分の面積になるんだったね。

でも，このグラフの面積についての表がないから，このままでは $P(X \geqq 180)$ の値を求めることができないよね。

そこで，標準化した確率変数の出番なんだ。

いまの確率変数 X は正規分布に従っているとしていて，平均が $m = 170$，標準偏差が $\sigma = 6$ なので，X は正規分布 $N(m, \sigma^2)$，つまり，$N(170, 6^2)$ に従っているわけなんだけど，このとき標準化した確率変数 Z として，

$$Z = \frac{X-m}{\sigma} = \frac{X-170}{6}$$

とすると，この Z は標準正規分布 $N(0, 1)$ に従うことになるんだ。

(1)では，$X \geqq 180$ となる確率が知りたいんだけど，このときの Z は，

$$Z = \frac{X-170}{6} \geqq \frac{180-170}{6} = \frac{10}{6} = 1.666\cdots$$

となって，

$$P(X \geqq 180) \fallingdotseq P(Z \geqq 1.67) \quad \text{←小数第 3 位を四捨五入して考えるよ}$$

と考えることができるよ。

　すると，$P(Z \geqq 1.67)$ は，次の図の赤色部分の面積になるね。

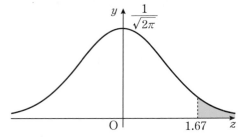

　これは「正規分布表」を使うことで，

$$P(Z \geqq 1.67) = P(Z \geqq 0) - P(0 \leqq Z \leqq 1.67)$$
$$= 0.5 - 0.4525$$
$$= 0.0475$$

と求められるね。

　このことから，求めたい確率は，

$$P(X \geqq 180) \fallingdotseq P(Z \geqq 1.67) = 0.0475 \quad \Longleftrightarrow \text{例題 5 − 2 (1) の答え}$$

となるんだ。

　そして，(2)だけど，150 人のうち，$P(X \geqq 180)$ の割合で身長が 180 cm 以上の人がいるということになるから，

$$150 \times P(X \geqq 180) \fallingdotseq 150 \times 0.0475 = 7.125$$

だから，小数点以下を四捨五入して，

　　　身長が 180 cm 以上の人は，およそ 7 人 　$\Longleftrightarrow$ **例題 5 − 2 (2) の答え**

ということになるんだ。

このようにして，さまざまな平均や標準偏差のときの正規分布に従う確率変数について，その確率を，正規分布表を使って求めることができるんだ。

標準化した確率変数

　確率変数 X が，正規分布 $N(m, \sigma^2)$ に従うとき，

$$Z = \frac{X - m}{\sigma}$$

とした新しい確率変数 Z を標準化した確率変数という。
この確率変数 Z は標準正規分布 $N(0, 1)$ に従う。

> ある高校の女子生徒 150 人について，その身長 X が，平均 157.7 cm，標準偏差 5.4 cm の正規分布に従うとする。
> この 150 人のうち，身長が 150 cm 以下の生徒はおよそ何人か。

💡 **ポイント**

まず，標準化した確率変数を使って，$X \leqq 150$ の確率を求めるよ。
その上で，その確率の値を使って人数を求めればいいんだよ。

解答

確率変数 X は，平均 157.7 cm，標準偏差 5.4 cm の正規分布，つまり，正規分布 $N(157.7, 5.4^2)$ に従う。

ここで，標準化した確率変数 Z は，
$$Z = \frac{X - 157.7}{5.4}$$
であり，$X \leqq 150$ のとき，
$$Z = \frac{X - 157.7}{5.4} \leqq \frac{150 - 157.7}{5.4} = -\frac{7.7}{5.4} = -1.4259\cdots$$
となるから，
$$P(X \leqq 150) \fallingdotseq P(Z \leqq -1.43)$$
と考えることができる。

$P(Z \leqq -1.43)$ は，正規分布表から，
$$
\begin{aligned}
P(Z \leqq -1.43) &= P(Z \leqq 0) - P(-1.43 \leqq Z \leqq 0) \\
&= 0.5 - P(0 \leqq Z \leqq 1.43) \\
&= 0.5 - 0.4236 = 0.0764
\end{aligned}
$$
となる。

これより，150 cm 以下の人数は，
$$
\begin{aligned}
150 \times P(X \leqq 150) &\fallingdotseq 150 \times P(Z \leqq -1.43) \\
&= 150 \times 0.0764 = 11.46
\end{aligned}
$$
より，**およそ 11 人**である。

ある大学の入学試験は 1000 点満点である。この入試を 2000 人の志願者が受験したが，その得点の分布は平均 450 点，標準偏差 75 点の正規分布をしていることがわかった。また，2000 人のうち，得点の大きい方から 320 人が合格となった。

(1)　合格最低点は約何点か。整数で答えよ。

(2)　合格者のうち 600 点以上を取ったのは約何人か。整数で答えよ。

ポイント

得点の分布が正規分布ということだから，標準化した確率変数を用意して正規分布表を使うことになるよ。

(1)では，合格最低点以上を取る確率が $\dfrac{320}{2000}$ ということ，(2)では，600点以上を取る確率がどれくらいかを調べていくよ。

あと(2)では，もし，合格最低点が 600 点より大きいときは，「合格者のうちで 600 点以上を取った人は合格者全員の 320 人」となるから，(1)の結果も考える必要があるよ。

解答

試験の得点を X としたとき，平均が 450 点，標準偏差が 75 点より，X は正規分布 $N(450, 75^2)$ に従う。

ここで，標準化した確率変数 Z は，

$$Z = \frac{X - 450}{75} \qquad\qquad \cdots\cdots①$$

と表せて，これは標準正規分布に従う。

(1)　合格最低点を X_0 としたとき，$X \geqq X_0$ となる人数が 2000 人のうち，320 人，すなわち，

$$P(X \geqq X_0) = \frac{320}{2000} = 0.16 \qquad\qquad \cdots\cdots②$$

となる。ここで，

$$Z_0 = \frac{X_0 - 450}{75}$$

とおくと，①，②より，

$$P(Z \geqq Z_0) = 0.16$$
$$P(Z \geqq 0) - P(0 \leqq Z \leqq Z_0) = 0.16$$
$$0.5 - P(0 \leqq Z \leqq Z_0) = 0.16$$
$$P(0 \leqq Z \leqq Z_0) = 0.34$$

Z は標準正規分布に従うので，このとき，正規分布表から，

$$P(0 \leqq Z \leqq 0.99) = 0.3389$$
$$P(0 \leqq Z \leqq 1.00) = 0.3413$$

より，

$$Z_0 \fallingdotseq 0.99$$

となる。

よって，

$$0.99 = \frac{X_0 - 450}{75}$$
$$\therefore \quad X_0 = 524.25$$

より，合格最低点は

約 524 点

となる。

(2) 得点の大きい方から 320 人が合格しており，また合格最低点が約 524 点であるから，600 点以上取っている人は合格者である。よって，志願者 2000 人のうちで 600 点以上を取った人数と同じである。この人数を n 人とすると，

$$P(X \geqq 600) = \frac{n}{2000}$$

となる。

$X \geqq 600$ のとき，①から，

$$Z = \frac{X - 450}{75} \geqq \frac{600 - 450}{75} = 2$$

であり，Z は標準正規分布に従うので，正規分布表より

$$P(X \geqq 600) = P(Z \geqq 2)$$
$$= P(0 \leqq Z) - P(0 \leqq Z \leqq 2)$$
$$= 0.5 - 0.4772 = 0.0228$$

となるので，

$$\frac{n}{2000} = 0.0228$$

$$n = 0.0228 \times 2000 = 45.6$$

よって，600 点以上を取ったのは

約 46 人

となる。

⇨ 二項分布が正規分布に似ているなら

——二項分布の近似

p.100 からのテーマで,

「正規分布は二項分布に似ている」

という話をしたよね。

実は,二項分布 $B(n, p)$ の n が十分大きいときは,正規分布に近くなることが知られているんだ。

二項分布 $B(n, p)$ では,平均が np,標準偏差が $\sqrt{npq}$ (q は $q = 1 - p$ となる値)となっていたよね。この平均と標準偏差から,二項分布 $B(n, p)$ は n が十分に大きいとき,

正規分布 $N(np, (\sqrt{npq})^2)$

に近似的に従うと考えてもいいんだ。

これと,標準化した確率変数と正規分布表で,二項分布に従っている確率変数についての確率も求めることができるよ。

例題 ▶ 5−3

サイコロを 3600 回投げたとき,1 の目が 650 回以上出る確率は,およそ何%か。小数第 1 位まで求めよ。ただし,$\sqrt{5} = 2.24$ とする。

サイコロを 1 回投げたとき,1 の目の出る確率は $\dfrac{1}{6}$ だから,サイコロを 3600 回投げたときに 1 の目が出る回数を X とすると,この確率変数 X は,二項分布 $B\left(3600, \dfrac{1}{6}\right)$ に従うよね。だから 1 の目が 650 回以上出る確率は,

$$_{3600}\mathrm{C}_{650}\left(\frac{1}{6}\right)^{650}\left(\frac{5}{6}\right)^{3600-650} + {}_{3600}\mathrm{C}_{651}\left(\frac{1}{6}\right)^{651}\left(\frac{5}{6}\right)^{3600-651} +$$

$$\cdots + {}_{3600}\mathrm{C}_{3600}\left(\frac{1}{6}\right)^{3600}$$

というのを計算しないといけないんだけど,これは大変そうだよね。

でも，このサイコロを投げる回数 3600 というのは，十分に大きい値なので，正規分布で考えていくことができるんだ。

この二項分布を $B(n, p)$ とすると，$n = 3600$，$p = \dfrac{1}{6}$ より，

平均：$np = 3600 \cdot \dfrac{1}{6} = 600$

標準偏差：$\sqrt{npq} = \sqrt{np(1-p)} = \sqrt{3600 \cdot \dfrac{1}{6}\left(1 - \dfrac{1}{6}\right)} = \sqrt{500}$

となるよね。

だから，この二項分布は

正規分布 $N(np, (\sqrt{npq})^2) = N(600, (\sqrt{500})^2)$

に近似的に従うと考えてよいことになるよ。

求める確率は $P(X \geqq 650)$ だけど，確率変数 X に対して，標準化した確率変数 Z は，

$$Z = \frac{X - np}{\sqrt{npq}} = \frac{X - 600}{\sqrt{500}}$$

となるから，$X \geqq 650$ のとき，

$$Z = \frac{X - 600}{\sqrt{500}} \geqq \frac{650 - 600}{\sqrt{500}}$$

ここで，$\sqrt{5} = 2.24$ より，

$$\frac{650 - 600}{\sqrt{500}} = \frac{50}{10\sqrt{5}} = \sqrt{5} = 2.24$$

だから，

$$P(X \geqq 650) = P(Z \geqq 2.24)$$

となるね。

ここで，正規分布表を使うと，

$$P(Z \geqq 2.24) = P(Z \geqq 0) - P(0 \leqq Z \leqq 2.24)$$
$$= 0.5 - 0.4875$$
$$= 0.0125$$

と求められるから，1 の目が 650 回以上出る確率はおよそ，

$$0.0125 \times 100 = 1.25 = 1.3\,\%$$ ⟵ 例題 5－3 の答え

となるんだよ。

　n が大きいときの二項分布 $B(n, p)$ の確率の求め方は，まとめると，次のような手順になるよ。

二項分布の正規分布による近似（手順）

・二項分布 $B(n, p)$ を求める。

　　　↓

・その平均 np と標準偏差 $\sqrt{np(1-p)}$ を計算する。

　　　↓

・正規分布 $N(np, \{\sqrt{np(1-p)}\}^2)$ に従うと考える。

　　　↓

・標準化した確率変数 Z は，

$$Z = \frac{X - np}{\sqrt{np(1-p)}}$$

となるので，ここから正規分布表で確率を求める。

3枚のコインを同時に投げることを 100 回行ったとき，3 枚とも表が出るのが 20 回以上となる，およその確率を求めよ。なお，$\sqrt{7} = 2.65$ とする。

💡 ポイント

この「3 枚とも表が出る回数」という確率変数は，　演習問題 ▸ **4 − 1⑵** にもあるように，二項分布に従うよ。

あとは，回数が 100 回と十分大きいので，正規分布に近似して考えることができるんだ。

解答

3枚とも表が出る回数を X とすると，　演習問題 ▸ **4 − 1⑵** と同様に考えて，この確率変数 X は，二項分布 $B(n, p) = B\left(100, \dfrac{1}{8}\right)$ に従う。

n が十分大きいので，この X は

$$\text{正規分布 } N(np, \{\sqrt{np(1-p)}\}^2) = N\left(\dfrac{25}{2}, \dfrac{175}{16}\right)$$

に従うと考えてよい。

X に対して，標準化した確率変数 Z は，

$$Z = \frac{X - np}{\sqrt{np(1-p)}} = \frac{X - \dfrac{25}{2}}{\sqrt{\dfrac{175}{16}}} = \frac{X - \dfrac{25}{2}}{\dfrac{5\sqrt{7}}{4}}$$

となるから，$X \geqq 20$ に対して，

$$Z = \frac{X - \dfrac{25}{2}}{\dfrac{5\sqrt{7}}{4}} \geqq \frac{20 - \dfrac{25}{2}}{\dfrac{5\sqrt{7}}{4}} = \frac{6\sqrt{7}}{7}$$

となり，

$$\frac{6\sqrt{7}}{7} = \frac{6 \cdot 2.65}{7} = 2.271\cdots$$

であるから，

$$P(X \geqq 20) \fallingdotseq P(Z \geqq 2.27)$$

と考えられる。

正規分布表から，

$$P(Z \geqq 2.27) = P(Z \geqq 0) - P(0 \leqq Z \leqq 2.27)$$
$$= 0.5 - 0.4884$$
$$= 0.0116$$

より，3 枚とも表が出るのが 20 回以上
となるおよその確率は，

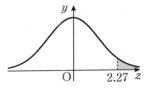

$$0.0116$$

となる。

母集団と標本

　ここでは，分析するためのデータを集める手段，つまり，「調査の仕方」について考えていくよ。

　例えば，

　　　「日本に住んでいる人のうち，10月生まれの人の割合」

というのを調べようとしたときに，

　　　「日本に住んでいるすべての人について調べる」

ことができればいいのだけど，日本中の約1億2000万人全員を調べるのは大変だよね。

　実際に日本では5年に1回，日本に住んでいる人全員を対象とした調査である「国勢調査」が行われているのだけど，このためには約70万人の国勢調査員と約10万人の国勢調査指導員，そして約720億円が費やされているんだ（2015年の国勢調査でのデータ）。

　だから，もっと安く，動員する人数も少なくして調査をしようとなったら，日本に住んでいる人全員ではなく，その一部の人を調査するということを考えた方がよい，ということになるよね。

　それから，工場とかで生産されるものについて「どのくらいの力で壊れるか」を調べようとしたときに，生産されるすべてについて調べてしまったら，全部壊れて，全部，売り物にならなくなるよね。

　だから，工場で生産されるものとかについても，その一部について調べる方がよい，ということになるよね。

　ということで，国勢調査のように

　　　調べたいものすべてを調べる調査を全数調査

といい，

　　　調べたいものの一部を調べる調査を標本調査

というんだけど，ここからは，標本調査について見ていくよ。

まずは用語をチェックしていこう。

標本調査

- **母集団**…調べたいもの全体のこと
  - →これをすべて調べるのが**全数調査**
  - →**母集団の大きさ**…母集団にある調べたいものの個数
- **標本**…母集団から抜き出されたもの
  - →**標本の大きさ**…標本として抜き出されたものの個数
- **抽出**…母集団から標本を抜き出すこと

ところで，この「標本調査」として抜き出される「標本」だけど，例えば，

「ある市における高校生の割合」

を調べようとするときに，その市内にある高校へ行って，そこにいる生徒を「標本」としてしまったら，

「そりゃ，高校生の割合が100%になっちゃう」

わけだね。

だから，この市に住んでいる人から「偏りのないように」標本を選ぶべきだよね。

このような「偏りのない」ように標本を抽出することを無作為抽出というよ。

無作為抽出をするときには，コンピュータによって発生させることができる乱数を使ったりするよ。

⇨ 元に戻すかどうか
——復元抽出と非復元抽出

　母集団から標本を抽出するということに関連して，次のような問題を考えてみよう。

例題 ▶ 6－1

　袋の中に赤球3個，白球7個の合計10個が入っている。この袋から球を1個取り出して色を記録することを3回行う。このとき，(1)，(2)のそれぞれについて，赤球が2回取り出される確率を求めよ。
(1)　1個取り出すごとに，球を元の袋に戻す場合
(2)　取り出した球は元に戻さない場合

　(1)では，1回毎に

$$赤球の出る確率：\frac{3}{10}, \quad 白球の出る確率：\frac{7}{10}$$

だから，3回のうち，ちょうど2回だけ赤の出る確率は，**Section ④** での考え方を使って，

$$_3\mathrm{C}_2\left(\frac{3}{10}\right)^2\left(\frac{7}{10}\right)=\frac{3\cdot 3^2\cdot 7}{10^3}=\frac{189}{1000} \quad ⇦ \boxed{例題\ 6-1\,(1)\,の答え}$$

となるよ。
　一方，(2)では，取り出すごとに袋の中の球の個数が変わるから，3回取り出したときに「赤→白→赤」と出るときは，

　　　・1回目は，赤3個，白7個の計10個から赤が出る
　　　・2回目は，赤2個，白7個の計9個から白が出る
　　　・3回目は，赤2個，白6個の計8個から赤が出る

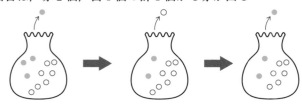

となるから，確率は，

$$\frac{3}{10} \cdot \frac{7}{9} \cdot \frac{2}{8} = \frac{3 \cdot 7 \cdot 2}{10 \cdot 9 \cdot 8}$$

となるんだ。

　同じようにして，「白→赤→赤」と出る確率は，

$$\frac{7}{10} \cdot \frac{3}{9} \cdot \frac{2}{8} = \frac{7 \cdot 3 \cdot 2}{10 \cdot 9 \cdot 8}$$

「赤→赤→白」と出る確率は，

$$\frac{3}{10} \cdot \frac{2}{9} \cdot \frac{7}{8} = \frac{3 \cdot 2 \cdot 7}{10 \cdot 9 \cdot 8}$$

となるね。

　この3つの確率の分子に注目すると，3，2，7の順番が違っているだけだよね。そして，この順番の種類は，「3回のうち，どの2回で赤が出るか」というパターン，つまり，$_3C_2$ 通りあるので，赤球がちょうど2回だけ出る確率は，

$$_3C_2 \frac{3}{10} \cdot \frac{2}{9} \cdot \frac{7}{8} = \frac{3 \cdot 3 \cdot 2 \cdot 7}{10 \cdot 9 \cdot 8} = \frac{7}{40} \quad \Leftarrow \boxed{\text{例題 6－1⑵の答え}}$$

となるよ。

　ところで，この「袋の中の10個の球」が母集団と考えると，この問題ではそこから「標本の大きさ3」の標本を抽出していることになるよね。

　このうちで，

　　　⑴のように抽出するたびに元に戻すことを復元抽出，

　　　⑵のように抽出したものは元に戻さないことを非復元抽出

というんだ。

　この問題では，

　　　⑴の答え：$\dfrac{189}{1000} = 0.189$

　　　⑵の答え：$\dfrac{7}{40} = 0.175$

と⑴「復元抽出」のときと，⑵「非復元抽出」のときとで少し差があるよね。

でも，取り出す回数が3回のままで，球の個数が100倍，つまり，赤球300個，白球700個の合計1000個の球の入った袋から取り出すとき，赤がちょうど2回だけ出る確率を考えてみると，

（復元抽出の場合）

$$_3\mathrm{C}_2\left(\frac{300}{1000}\right)^2\left(\frac{700}{1000}\right)=\frac{189}{1000}=0.189$$

（非復元抽出の場合）

$$_3\mathrm{C}_2\frac{300\cdot299\cdot700}{1000\cdot999\cdot998}=0.1889\cdots$$

となって，どちらもあまり変わらない値になるんだ。

　このように，母集団の大きさ（今の場合は1000個）が，標本の大きさ（今の場合は3個）よりも十分に大きい場合の無作為抽出では，復元抽出も非復元抽出もほとんど違いがないということになるんだ。

　だから，実際の世論調査などの「標本調査」では，非復元抽出をするんだけど，

　　　計算的に大変な非復元抽出を復元抽出とみなして

考えることが多くて，この本でもここからは標本調査では「復元抽出」として考えていくよ。

⇒ 調べたい全体について知ろう

――母集団の分布

　標本調査をして知りたいものは「母集団」の実体なので，ここでは母集団について見ていくよ。

　まず，数学Ⅰ「データの分析」でも学習したことだけど，母集団にいる人たちの

　　　名前，身長，体重，血液型，…

というようなものを調べたいというとき，このうちの

　　　身長，体重

なんかは調べたいものがその「数値」になっているよね。

　このような調べる対象が数値となっているとき，その数値を変量というんだ。

例題 ▶ 6-2

　ある高校には 300 人の生徒がおり，その 7 月 1 日時点での年齢の分布は次のようになっている。

年齢	人数
15	52
16	104
17	98
18	46

(1)　この高校から生徒を 1 人無作為に選び，その生徒の年齢を X としたとき，確率変数 X の確率分布を求めよ。

(2)　X の平均 m を求めよ。

　(1)について，例えば $X = 15$ となる確率は，300 人の生徒のうち 52 人が 15 歳だから，

$$P(X = 15) = \frac{52}{300} = \frac{13}{75}$$

となるよね。同じように考えると，X の確率分布は次のようになるね。

X	15	16	17	18
P	$\dfrac{13}{75}$	$\dfrac{26}{75}$	$\dfrac{49}{150}$	$\dfrac{23}{150}$

⇦ 例題 6－2(1) の答え

この確率分布は，「この高校の全校生徒 300 人」という母集団の年齢という変量の分布を表したものになるよね。

このような，調べたい変量 X についての確率分布を，X の**母集団分布**というんだ。

さて，この確率分布から(2)を考えると，平均 m は

$$m = 15 \cdot \frac{52}{300} + 16 \cdot \frac{104}{300} + 17 \cdot \frac{98}{300} + 18 \cdot \frac{46}{300}$$

$$= \frac{4938}{300} = \frac{823}{50} = 16.46$$

⇦ 例題 6－2(2) の答え

となるよ。

なお，この問題では聞かれていないけど，X^2 の平均は，

$$E(X^2) = 15^2 \cdot \frac{52}{300} + 16^2 \cdot \frac{104}{300} + 17^2 \cdot \frac{98}{300} + 18^2 \cdot \frac{46}{300} = \frac{81550}{300}$$

だから，分散 σ^2 は，

$$\sigma^2 = E(X^2) - m^2$$

$$= \frac{81550}{300} - \left(\frac{4938}{300}\right)^2$$

$$= \frac{81156}{300^2} = 0.9017\cdots$$

となって，標準偏差 σ は，

$$\sigma = \sqrt{0.9017\cdots} = 0.9495\cdots$$

となるよ。

この m，σ^2，σ は，母集団分布の平均，分散，標準偏差になっているよね。そこで，これらの値はそれぞれ，**母平均**，**母分散**，**母標準偏差**という

のと，記号もそれぞれ m，σ^2，σ で表すんだ。

母集団分布

大きさ N の母集団において，ある変量 X の値について，その度数分布が次のようになっているとする。

X	度数
x_1	f_1
x_2	f_2
$\vdots$	$\vdots$
x_n	f_n

$$(ただし，f_1 + f_2 + \cdots + f_n = N)$$

この母集団から無作為に 1 個を取り出したとき，それが $X = x_i$ となる確率は，

$$P(X = x_i) = \frac{f_i}{N}$$

となり，これを p_i とすると X の確率分布は次のようになる。

X	x_1	x_2	$\cdots$	x_n
P	p_1	p_2	$\cdots$	p_n

この確率分布を母集団分布といい，この平均を母平均といい m で表す。
また，この分散，標準偏差をそれぞれ母分散，母標準偏差といい，それぞれ σ^2，σ で表す。

袋の中に，1〜5までの数字が1つずつ書かれたカードが合計5枚ある。これを母集団とし，記入された数字を変量 X としたとき，次の問いに答えよ。

(1) X の母集団分布を求めよ。

(2) 母平均 m，母分散 σ^2，母標準偏差 σ を求めよ。

ポイント

カード5枚から1枚取り出して，カードに書かれている数を確率変数 X としたときの確率分布を考えればいいんだよ。

解答

(1) 5枚から1枚取り出したとき，どのカードが出る確率も $\dfrac{1}{5}$ であるから，X の母集団分布は次のようになる。

X	1	2	3	4	5
P	$\dfrac{1}{5}$	$\dfrac{1}{5}$	$\dfrac{1}{5}$	$\dfrac{1}{5}$	$\dfrac{1}{5}$

(2) 母平均 m は，(1)の分布より，

$$m = 1 \cdot \frac{1}{5} + 2 \cdot \frac{1}{5} + 3 \cdot \frac{1}{5} + 4 \cdot \frac{1}{5} + 5 \cdot \frac{1}{5} = 3$$

また，X^2 の平均は，

$$E(X^2) = 1^2 \cdot \frac{1}{5} + 2^2 \cdot \frac{1}{5} + 3^2 \cdot \frac{1}{5} + 4^2 \cdot \frac{1}{5} + 5^2 \cdot \frac{1}{5} = 11$$

より，母分散 σ^2 は，

$$\sigma^2 = E(X^2) - m^2 = 11 - 3^2 = 2$$

であり，母標準偏差 σ は，

$$\sigma = \sqrt{\sigma^2} = \sqrt{2}$$

となる。

ある養殖用の生簀(いけす)にいる魚の年齢と尾数は，次の表のようになっている。

年齢	尾数
4	27
5	39
6	50
7	40
8	24

これを母集団とし，年齢を変量 X としたとき，次の問いに答えよ。

(1) X の母集団分布を求めよ。

(2) 母平均 m と母分散 σ^2 をそれぞれ小数第 2 位まで求めよ。

ポイント

演習問題 **6 − 1** と考え方は同じだけど，年齢毎に尾数が違うから注意が必要だよ。

解答

(1) 魚は全部で，

$$27 + 39 + 50 + 40 + 24 = 180 \, 尾$$

いる。これより，それぞれの年齢での X の確率は，

$$P(X = 4) = \frac{27}{180} = \frac{3}{20}$$

$$P(X = 5) = \frac{39}{180} = \frac{13}{60}$$

$$P(X = 6) = \frac{50}{180} = \frac{5}{18}$$

$$P(X = 7) = \frac{40}{180} = \frac{2}{9}$$

$$P(X = 8) = \frac{24}{180} = \frac{2}{15}$$

となる。

よって，X の母集団分布は以下のようになる。

X	4	5	6	7	8
P	$\dfrac{3}{20}$	$\dfrac{13}{60}$	$\dfrac{5}{18}$	$\dfrac{2}{9}$	$\dfrac{2}{15}$

(2) (1)の母集団分布より，X の母平均 m は，

$$m = 4 \cdot \frac{27}{180} + 5 \cdot \frac{39}{180} + 6 \cdot \frac{50}{180} + 7 \cdot \frac{40}{180} + 8 \cdot \frac{24}{180}$$

$$= \frac{1075}{180} = 5.972\cdots$$

より，

$$m = 5.97$$

となる。

また，X^2 の平均は，

$$E(X^2) = 4^2 \cdot \frac{27}{180} + 5^2 \cdot \frac{39}{180} + 6^2 \cdot \frac{50}{180} + 7^2 \cdot \frac{40}{180} + 8^2 \cdot \frac{24}{180}$$

$$= \frac{6703}{180}$$

となる。

これより，母分散は，

$$\sigma^2 = E(X^2) - m^2$$

$$= \frac{6703}{180} - \left(\frac{1075}{180} \right)^2$$

$$= \frac{50915}{180^2} = \frac{50915}{32400} = 1.571\cdots$$

より，

$$\sigma^2 = 1.57$$

となる。

標本平均の
分布

⇒ 標本調査の下準備をしよう

——標本平均

標本調査をするときには母集団から標本を無作為に抽出するんだったね。

例えば、 **例題 ▶ 6−2** の高校で、その全生徒から大きさ3の標本を取り出すとき、その3人の年齢が、

15、 16、 17

だとすると、この平均は、

$$\frac{15 + 16 + 17}{3} = \frac{48}{3} = 16$$

となるよね。

ここで再度、大きさ3の標本を取り出したとき、その3人の年齢が、

16、 16、 17

となったとすると、この平均は、

$$\frac{16 + 16 + 17}{3} = \frac{49}{3} = 16.33\cdots$$

となるよね。

このように標本調査をするたびに、その大きさ n の標本のそれぞれの変量の値は変わるし、その平均も変わっていくよね。

ここでは、大きさ n の標本を抽出したときの変量の平均について、その性質を考えていくよ。

ある母集団で、変量 X について調べたいとき、この母集団から大きさ n の標本を取り出すことを考えよう。

すると、もちろんその n 個の標本それぞれに X の値があるよね。その n 個の値を

$$X_1, X_2, \cdots, X_n$$

としたときに、この平均を $\overline{X}$ とすると、

$$\overline{X} = \frac{X_1 + X_2 + \cdots + X_n}{n}$$

となるんだけど、この $\overline{X}$ を**標本平均**というよ。

例題 7-1

袋の中に 12 枚のカードがあり，そこに書かれている数字は 1 から 3 のいずれかであり，そのそれぞれの数字が書かれたカードの枚数は，右の表のようになっているとする。この 12 枚のカードを母集団とし，カードに書かれた数を変量 X とするとき，以下の問いに答えよ。

数字	枚数
1	5
2	3
3	4

(1) 母集団分布を求めよ。

(2) 母平均 m と母分散 σ^2 を求めよ。

(3) 大きさ 2 の標本を復元抽出するとき，標本平均 $\overline{X}$ の確率分布を求めよ。

(1)については，この 12 枚のカードから 1 枚引いたときにカードに書かれた数字を X としたときの，X の確率分布を求めればよかったよね。だから，次のようになるよ。

X	1	2	3
P	$\dfrac{5}{12}$	$\dfrac{1}{4}$	$\dfrac{1}{3}$

⇔ 例題 7-1(1) の答え

そして(2)については，**Section ②** で学習したことから，母平均 m は，

$$m = 1 \cdot \frac{5}{12} + 2 \cdot \frac{3}{12} + 3 \cdot \frac{4}{12} = \frac{23}{12}$$

⇔ 例題 7-1(2) の答え

となって，X^2 の平均が

$$E(X^2) = 1^2 \cdot \frac{5}{12} + 2^2 \cdot \frac{3}{12} + 3^2 \cdot \frac{4}{12} = \frac{53}{12}$$

となるから，母分散 σ^2 は，

$$\sigma^2 = E(X^2) - m^2 = \frac{53}{12} - \left(\frac{23}{12}\right)^2 = \frac{107}{144}$$

⇔ 例題 7-1(2) の答え

となるね。

ここで，(3)なんだけど，「大きさ 2 の標本を復元抽出する」とあるから，この 12 枚から 1 枚引いて，カードに書いてある数字を記録して元に戻す，

というのを 2 回することになるね。

　となると，2 回引いたときのカードに書かれた数字は，

　　　　　　（1 回目の数字，2 回目の数字）

の順で書き出すと，

　　　　$(1, 1)$, $(1, 2)$, $(1, 3)$, $(2, 1)$, $(2, 2)$, $(2, 3)$, $(3, 1)$, $(3, 2)$, $(3, 3)$

のいずれかとなるね。

　このそれぞれについて「標本平均」を考えてみると，例えば，$(3, 2)$ の
ときは，

$$\overline{X} = \frac{3 + 2}{2} = \frac{5}{2}$$

となるよね。同じようにして標本平均を求めて，上の並び方に対応した順
に書くと，

　　　$1,$ $\frac{3}{2},$ $2,$ $\frac{3}{2},$ $2,$ $\frac{5}{2},$ $2,$ $\frac{5}{2},$ 3

となるんだ。

　これを見てみると，$\overline{X}$ のとり得る値は，$1,$ $\frac{3}{2},$ $2,$ $\frac{5}{2},$ 3 の 5 種類にな
ることがわかるね。

　そして例えば，$\overline{X} = \frac{3}{2}$ となる確率は，

$$P\left(\overline{X} = \frac{3}{2}\right) = ((1, 2) \text{ と出る確率}) + ((2, 1) \text{ と出る確率})$$

$$= \frac{5}{12} \cdot \frac{3}{12} + \frac{3}{12} \cdot \frac{5}{12} = \frac{30}{144}$$

となるね。

　同じようにして各 $\overline{X}$ について確率分布を求めると，次のようになるよ。

$\overline{X}$	1	$\frac{3}{2}$	2	$\frac{5}{2}$	3
P	$\frac{25}{144}$	$\frac{30}{144}$	$\frac{49}{144}$	$\frac{24}{144}$	$\frac{16}{144}$

(3)の答えは，上の表で確率のところを約分した次の表になるね。

$\overline{X}$	1	$\dfrac{3}{2}$	2	$\dfrac{5}{2}$	3
P	$\dfrac{25}{144}$	$\dfrac{5}{24}$	$\dfrac{49}{144}$	$\dfrac{1}{6}$	$\dfrac{1}{9}$

⟺ 例題 7－1(3) の答え

ここで，この標本平均について，その平均と分散を計算してみよう。

計算の仕方は Section ❷ で学習したとおりだから，まず平均 $E(\overline{X})$ は，

$$E(\overline{X}) = 1 \cdot \frac{25}{144} + \frac{3}{2} \cdot \frac{30}{144} + 2 \cdot \frac{49}{144} + \frac{5}{2} \cdot \frac{24}{144} + 3 \cdot \frac{16}{144}$$

$$= \frac{552}{288} = \frac{23}{12}$$

となるよ。また，$\overline{X}^2$ の平均は，

$$E(\overline{X}^2) = 1^2 \cdot \frac{25}{144} + \left(\frac{3}{2}\right)^2 \cdot \frac{30}{144} + 2^2 \cdot \frac{49}{144} + \left(\frac{5}{2}\right)^2 \cdot \frac{24}{144} + 3^2 \cdot \frac{16}{144}$$

$$= \frac{2330}{576} = \frac{1165}{288}$$

となるから，分散 $V(\overline{X})$ は，

$$V(\overline{X}) = E(\overline{X}^2) - \{E(\overline{X})\}^2$$

$$= \frac{1165}{288} - \left(\frac{23}{12}\right)^2 = \frac{1165 - 1058}{288} = \frac{107}{288}$$

となるんだ。

ところで，例題 7－1(2) で母平均 m と母分散 σ^2 はそれぞれ，

$$m = \frac{23}{12}, \quad \sigma^2 = \frac{107}{144}$$

と求められていたよね。これと $\overline{X}$ の平均 $E(\overline{X})$ と分散 $V(\overline{X})$ を比べると，

$$E(\overline{X}) = m, \quad V(\overline{X}) = \frac{\sigma^2}{2}$$

となっているね。

実は一般に，母集団と，復元抽出した大きさ n の標本との間には，次のような関係が成り立っているんだ。

標本平均 $\overline{X}$ の平均と分散, 標準偏差

母平均 m, 母標準偏差 σ の母集団から, 無作為に復元抽出した大きさ n の標本について, 標本平均を $\overline{X}$ とすると,

$$E(\overline{X}) = m, \quad V(\overline{X}) = \frac{\sigma^2}{n}, \quad \sigma(\overline{X}) = \sqrt{V(\overline{X})} = \frac{\sigma}{\sqrt{n}}$$

つまり,

　　標本平均 $\overline{X}$ の平均と母平均は変わらない

　　標本平均 $\overline{X}$ の分散は, 母分散を n で割ったもの

となるよ。

　<u>n が大きくなればなるほど, 標本平均 $\overline{X}$ の分散はどんどん小さくなって, 0 に近づいていくんだけど</u>, 標本の大きさが大きくなればなるほど, 標本平均 $\overline{X}$ は母集団の多くのものの平均を取ることになるから, 母平均 m に近づく, つまり, バラツキが小さくなってくるということだね。

演習問題 7-1

母平均 10, 母分散 9 の母集団から, 大きさ 4 の標本を無作為に復元抽出したとき, その標本平均の平均と分散, 標準偏差を求めよ。

ポイント

復元抽出の場合の母集団と標本平均の関係を使えばいいんだよ。

解答

母平均 $m = 10$, 母分散 $\sigma^2 = 9$ であるから, 大きさ 4 の標本平均を復元抽出したときの標本平均を $\overline{X}$ とすると,

$$E(\overline{X}) = m = 10, \quad V(\overline{X}) = \frac{\sigma^2}{4} = \frac{9}{4}, \quad \sigma(\overline{X}) = \sqrt{V(\overline{X})} = \sqrt{\frac{9}{4}} = \frac{3}{2}$$

となる。

補足 **標本平均の平均と分散について** ⋯⋯⋯⋯⋯⋯⋯⋯⋯

　母平均が m，母分散が σ^2 である母集団から，無作為に復元抽出した大きさ n の標本について，その標本の変量 X をそれぞれ，

$$X_1,\ X_2,\ X_3,\ \cdots,\ X_n$$

とすると，標本平均 $\overline{X}$ は，

$$\overline{X} = \frac{X_1 + X_2 + X_3 + \cdots + X_n}{n}$$

となる。

　一方，標本は復元抽出によって取り出されるため，

$$X_1,\ X_2,\ X_3,\ \cdots,\ X_n$$

のそれぞれの確率変数の確率分布は，母集団の確率分布と同じになるので，

$$E(X_1) = E(X_2) = E(X_3) = \cdots = E(X_n) = m$$
$$V(X_1) = V(X_2) = V(X_3) = \cdots = V(X_n) = \sigma^2$$

となる。これと，Section ❸ で学んだことから，

$$E(\overline{X}) = E\left(\frac{X_1 + X_2 + X_3 + \cdots + X_n}{n}\right) = \frac{1}{n}E(X_1 + X_2 + X_3 + \cdots + X_n)$$

$$= \frac{1}{n}\{E(X_1) + E(X_2) + E(X_3) + \cdots + E(X_n)\}$$

$$= \frac{1}{n}(m + m + m + \cdots + m) = m$$

となり，また，復元抽出であるので確率変数 $X_1,\ X_2,\ X_3,\ \cdots,\ X_n$ は独立であるから，Section ❸ で学んだことから，

$$V(\overline{X}) = V\left(\frac{X_1 + X_2 + X_3 + \cdots + X_n}{n}\right) = \frac{1}{n^2}V(X_1 + X_2 + X_3 + \cdots + X_n)$$

$$= \frac{1}{n^2}\{V(X_1) + V(X_2) + V(X_3) + \cdots + V(X_n)\}$$

$$= \frac{1}{n^2}(\sigma^2 + \sigma^2 + \sigma^2 + \cdots + \sigma^2) = \frac{n\sigma^2}{n^2} = \frac{\sigma^2}{n}$$

となる。

⇒ 標本調査でも正規分布？

──標本平均と正規分布

例題 7-1 でのカードを 1 枚取り出したときのカードに書かれた数字を X としたときの確率分布をグラフにすると，次のようになるよ。

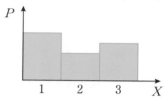

そしてこれが，大きさ 2 の標本平均 $\overline{X}$ の確率分布になると，次のグラフのようになるんだ。

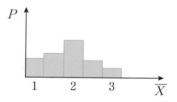

この大きさ 2 のときのグラフの形は，**Section ⑤** で見た二項分布のグラフにも似ているよね。そして，二項分布 $B(n, p)$ の n が大きくなると，その分布は正規分布に似ているということも，**Section ⑤** で見たよね。

実は，母集団の分布がどのような分布でも，標本の大きさ n が大きくなると，標本平均 $\overline{X}$ の確率分布のグラフは，正規分布の形に近づいていくことが知られているんだ。

具体的には，母集団で，

母平均 m，　母分散 σ^2

であるときに，ここから無作為に復元抽出された大きさ n の標本平均 $\overline{X}$ の確率分布は，n が大きければ，

正規分布 $N\left(m, \dfrac{\sigma^2}{n}\right)$

とみなすことができるんだ。

このときの正規分布の $N\left(m, \dfrac{\sigma^2}{n}\right)$ にある分散 $\dfrac{\sigma^2}{n}$ は，標本平均 $\overline{X}$ の分散になっているよね。

そして，この母集団の大きさが標本の大きさ n よりも十分に大きいとき，**Section ⑥** で見たように，復元抽出と非復元抽出はほとんど同じとみなしていいという話もあったよね。

だから，母集団の大きさが標本の大きさ n よりも十分に大きいとき，次のようになるんだ。

標本平均の分布と正規分布

母平均 m，母分散 σ^2 の母集団から，無作為抽出した大きさ n の標本について，標本平均を $\overline{X}$ とすると，n が十分大きいとき，$\overline{X}$ の分布は

$$正規分布 \ N\left(m, \dfrac{\sigma^2}{n}\right)$$

とみなすことができる。

例えば，

$$母平均 \ m = 30, \quad 母分散 \ \sigma^2 = 20 \ の母集団$$

から，大きさ $n = 50$ の標本を無作為抽出したとき，その標本平均 $\overline{X}$ について，

$$平均 \ E(\overline{X}) = m = 30, \quad 分散 \ V(\overline{X}) = \dfrac{\sigma^2}{n} = \dfrac{20}{50} = \dfrac{2}{5}$$

となることと，n が十分大きいことから，$\overline{X}$ の確率分布は，

$$正規分布 \ N\left(30, \dfrac{2}{5}\right)$$

とみなすことができるということなんだ。

母平均 140，母分散 81 の母集団から，大きさ 100 の標本を無作為抽出したとき，標本平均 $\overline{X}$ が 142 以上となる確率を求めよ。

ポイント

標本の大きさが 100 と十分に大きいから，この確率分布は正規分布とみなすことができるんだよね。あとは，正規分布から確率を出すときには，標準化された確率変数を使うんだったよね。

解答

標本の大きさが十分に大きいことから，標本平均 $\overline{X}$ の分布は，

正規分布 $N\left(140, \dfrac{81}{100}\right)$

とみなすことができる。

ここで，標本平均 $\overline{X}$ について，これを標準化した確率変数 Z は，$\overline{X}$ が従う正規分布の平均が $m = 140$，標準偏差が $\dfrac{\sigma}{\sqrt{n}} = \sqrt{\dfrac{81}{100}} = \dfrac{9}{10}$ なので，

$$Z = \frac{\overline{X} - m}{\dfrac{\sigma}{\sqrt{n}}} = \frac{\overline{X} - 140}{\dfrac{9}{10}}$$

と表せ，この Z の確率分布は正規分布 $N(0, 1)$ とみなすことができる。

$\overline{X} \geqq 142$ のとき，

$$Z = \frac{\overline{X} - 140}{\dfrac{9}{10}} \geqq \frac{142 - 140}{\dfrac{9}{10}} = \frac{20}{9} = 2.22\cdots$$

となるので，正規分布表より，

$$\begin{aligned}
P(\overline{X} \geqq 142) &= P(Z \geqq 2.22) \\
&= 0.5 - P(0 \leqq Z \leqq 2.22) \\
&= 0.5 - u(2.22) = 0.5 - 0.4868 \\
&= 0.0132
\end{aligned}$$

となる。

ある市では，他の市と比べて A という食品を扱う店が多いといわれ
ている。そこで，この市に住んでいる 400 世帯に，一ヶ月あたり食品
A にどれだけの金額を使っているかのアンケート調査を行ったとこ
ろ，平均 3000 円，標準偏差 400 円という結果が出た。

(1)　このアンケート結果が正規分布に従っているとしたとき，この
　　 400 世帯のうち，食品 A に一ヶ月に 3400 円以上使っている世帯は
　　 約何世帯か。

(2)　この市の全世帯の食品 A に一ヶ月あたりどれだけの金額を使っ
　　 ているかの母平均がこのアンケート結果の 3000 円と一致し，また，
　　 母集団分布が標準偏差 400 円の正規分布に従っているとする。
　　　 この市で改めて 100 世帯について食品 A に一ヶ月当たりどれだ
　　 けの金額を使っているかのアンケートを行い，その金額を X とす
　　 ると，X の標本平均 $\overline{X}$ が 3100 円以上となる確率を求めよ。

ポイント

　(1)では，アンケートを取った 400 世帯での分布が正規分布になってい
るから，**Section** ❺ での考え方を使うんだけど，(2)は母平均と母標準偏
差がわかっている母集合から大きさ 100 の標本を取ったときの話だから，
この **Section** ❼ での考え方を使うことになるよ。

解答

(1)　アンケートに答えた 400 世帯について，一ヶ月に食品 A に使った金
　　 額を X とすると，これは正規分布 $N(3000, 400^2)$ に従う。
　　　 よって，これを標準化した確率変数 Z は，

$$Z = \frac{X - 3000}{400}$$

　と表され，Z は標準正規分布に従う。
　　　 $X \geqq 3400$ のとき，

$$Z = \frac{X - 3000}{400} \geqq \frac{3400 - 3000}{400} = 1$$

となるから，正規分布表より，

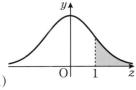

$$
\begin{aligned}
P(X \geqq 3400) &= P(Z \geqq 1) \\
&= P(Z \geqq 0) - P(0 \leqq Z \leqq 1) \\
&= 0.5 - 0.3413 = 0.1587
\end{aligned}
$$

となる。

　よって，

$$400 \times 0.1587 = 63.48$$

より，3400 円以上使った世帯は

　　約 63 世帯

である。

(2) 標本の大きさ 100 は十分に大きいので，大きさ 100 の X の標本平均 $\overline{X}$ の分布は，

　　正規分布 $N\left(3000, \dfrac{400^2}{100}\right)$

に従う。

　標本平均 $\overline{X}$ について，これを標準化した確率変数 Z は，

$$Z = \frac{\overline{X} - 3000}{\dfrac{400}{\sqrt{100}}} = \frac{\overline{X} - 3000}{40}$$

と表され，Z は標準正規分布に従う。

　$\overline{X} \geqq 3100$ のとき，

$$Z = \frac{\overline{X} - 3000}{40} \geqq \frac{3100 - 3000}{40} = 2.5$$

となるから，求める確率は正規分布表より，

$$
\begin{aligned}
P(\overline{X} \geqq 3100) &= P(Z \geqq 2.5) \\
&= P(Z \geqq 0) - Z(0 \leqq Z \leqq 2.5) \\
&= 0.5 - 0.4938 \\
&= 0.0062
\end{aligned}
$$

となる。

母平均の推定

⇨ いよいよ標本から母集団を推定するよ！

―――母平均の推定

　Section ⑥ では世論調査や工場での標本調査とかから，母集団の様子を推定していきたいということだったけど，この **Section ⑧** ではいよいよその推定をしていくよ。

　Section ⑦ では，母集団と標本平均 $\overline{X}$ との関係を見てきたね。このことを使って，

　　　　標本調査の結果から，母集団での平均（母平均）

を推定することをしてみるよ。

　母集団でのある値の平均 m を求めたいときに，そこから大きさ n の標本を抽出して，その値の平均を求めたものが標本平均 $\overline{X}$ だったよね。

　この $\overline{X}$ は m と全く同じ値になるとは限らないけど，標本の大きさ n がそこそこ大きい場合は，$\overline{X}$ の値を使って m がどうなっているかを考えてみたいよね。

　ここで，調べて出てきた値 $\overline{X}$ と母平均 m の間にどれくらいの「ズレ」があるのかを考えていくんだけど，このときに，

　　　　$P(\overline{X} - k \leqq m \leqq \overline{X} + k) = 0.95$

となる k の値があれば，

　　　　標本平均 $\overline{X}$ に対して，母平均 m は

　　　　　　$\overline{X} - k \leqq m \leqq \overline{X} + k$　　　　　　　　　　　……①

　　　　の間に 95％の確率で入っている

と考えることができるよね。

　このときの①の区間を

　　　　母平均 m に対する信頼度 95％の信頼区間

というんだ。

　じゃあこの k の値は具体的にどうなるのかを考えていくよ。

　Section ⑦ で見たように，母平均 m，母分散 σ^2 の母集団から大きさ n

の標本を無作為抽出したとき，その標本平均 $\overline{X}$ の確率分布は，n が十分大きければ，

$$正規分布\ N\!\left(m, \frac{\sigma^2}{n}\right)$$

とみなすことができたよね。

　ということは，$\overline{X}$ に対して，標準化した確率変数 Z は，

$$Z = \frac{\overline{X} - m}{\dfrac{\sigma}{\sqrt{n}}} \qquad\qquad\qquad \cdots\cdots②$$

と表せて，この確率変数 Z が，正規分布 $N(0, 1)$ に従うんだったよね。

　さて，②は，

$$\overline{X} - m = \frac{\sigma}{\sqrt{n}}Z$$

となるから，①は，

$$\overline{X} - k \leqq m \leqq \overline{X} + k$$
$$-k \leqq m - \overline{X} \leqq k$$
$$-k \leqq \overline{X} - m \leqq k$$
$$-k \leqq \frac{\sigma}{\sqrt{n}}Z \leqq k$$
$$-\frac{\sqrt{n}}{\sigma}k \leqq Z \leqq \frac{\sqrt{n}}{\sigma}k$$

となるよね。このことと，Z が正規分布 $N(0, 1)$ に従うことから，

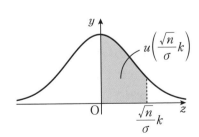

$$P(\overline{X} - k \leqq m \leqq \overline{X} + k)$$
$$= P\!\left(-\frac{\sqrt{n}}{\sigma}k \leqq Z \leqq \frac{\sqrt{n}}{\sigma}k\right)$$
$$= 2P\!\left(0 \leqq Z \leqq \frac{\sqrt{n}}{\sigma}k\right)$$
$$= 2u\!\left(\frac{\sqrt{n}}{\sigma}k\right)$$

となるんだ。

　ということは，$P(\overline{X} - k \leqq m \leqq \overline{X} + k) = 0.95$ のとき，

$$2u\left(\frac{\sqrt{n}}{\sigma}k\right) = 0.95$$

$$u\left(\frac{\sqrt{n}}{\sigma}k\right) = 0.475$$

となるわけだけど，これは正規分布表の $u(z) = 0.475$ に近くなるような z の値を調べることで，

$$\frac{\sqrt{n}}{\sigma}k = 1.96$$

となり，

$$k = 1.96\frac{\sigma}{\sqrt{n}}$$

と求められるんだ。

　このことから，次のようになるよ。

信頼度 95 ％の信頼区間

　母分散 σ^2 がわかっている母集団から，大きさ n の標本を抽出したときの標本平均 $\overline{X}$ について，n が十分に大きいとき，母平均 m は，

$$\overline{X} - 1.96 \cdot \frac{\sigma}{\sqrt{n}} \leq m \leq \overline{X} + 1.96 \cdot \frac{\sigma}{\sqrt{n}}$$

の区間に 95％の確率で含まれている。
この区間のことを母平均 m に対する
　　信頼度 95％の信頼区間
という。

　母平均 m の値は，（いくらかわからないけど）決まっている値だよね。その m がどれくらいなのかを調べるために標本平均 $\overline{X}$ を調べるんだけど，この $\overline{X}$ は調査のたびに変化するわけだよね。

　そしてこの信頼度 95％の信頼区間というのは，この標本の抽出を何回も何回もしていると，そのうちの 95％でこの区間の中に母平均 m が含まれるという区間なんだよ。

ここで，
$$P(\overline{X} - k \leqq m \leqq \overline{X} + k) = 0.99$$
とすると，k の値について
$$2u\left(\frac{\sqrt{n}}{\sigma}k\right) = 0.99$$
$$u\left(\frac{\sqrt{n}}{\sigma}k\right) = 0.495$$
となって，$u(z) = 0.495$ となる z を正規分布表で調べると，$z = 2.58$ だから，
$$\frac{\sqrt{n}}{\sigma}k = 2.58 \quad すなわち \quad k = 2.58\frac{\sigma}{\sqrt{n}}$$
となるんだけど，この k の値を使った，
$$\overline{X} - 2.58 \cdot \frac{\sigma}{\sqrt{n}} \leqq m \leqq \overline{X} + 2.58 \cdot \frac{\sigma}{\sqrt{n}}$$
は，母平均 m に対する

信頼度 99%の信頼区間

ということになるんだ。

このように信頼度の%を大きくすることはできるんだけど，大きくするほど区間の幅が大きくなってしまうんだ。

さらにこのことを応用すると，$2u(z_0) = \dfrac{Q}{100}$ となる z の値を正規分布表から求めると，この z_0 をつかった，
$$\overline{X} - z_0 \cdot \frac{\sigma}{\sqrt{n}} \leqq m \leqq \overline{X} + z_0 \cdot \frac{\sigma}{\sqrt{n}}$$
は，母平均 m の信頼度 Q%の信頼区間になるんだよ。

全国で年一回行われるある試験は，毎年数十万人が受ける試験で，100点が満点である。

ある年，テンさんがこの試験を受けたところ，その試験会場には 100 人が受験に来ていて，その平均点が 55 点で，標準偏差は 10 点であることがわかった。

この会場に来た 100 人は，全国の数十万人から無作為に選ばれたものとみなすことができ，100 人は十分大きいので標準偏差と母標準偏差は同じであるとする。

このとき，この年のこの試験の母平均 m の信頼度 95％の信頼区間を求めよ。

💡 ポイント

この Section ⑧ で学んだ，母平均 m についての信頼度 95％の信頼区間の式，

$$\overline{X} - 1.96 \cdot \frac{\sigma}{\sqrt{n}} \leqq m \leqq \overline{X} + 1.96 \cdot \frac{\sigma}{\sqrt{n}}$$

を用いていくよ。

解答

母標準偏差 σ は，$\sigma = 10$ としてよく，また，標本の大きさ n は，$n = 100$ である。

これに対して，母平均 m の信頼度 95％の信頼区間は，

$$\overline{X} - 1.96 \cdot \frac{\sigma}{\sqrt{n}} \leqq m \leqq \overline{X} + 1.96 \cdot \frac{\sigma}{\sqrt{n}}$$

であり，$\overline{X} = 55$，$\dfrac{\sigma}{\sqrt{n}} = \dfrac{10}{\sqrt{100}} = 1$ であるから，

$$55 - 1.96 \cdot 1 \leqq m \leqq 55 + 1.96 \cdot 1$$

$$\therefore \quad 53.04 \leqq m \leqq 56.96$$

となる。

ある生産地で生産されるピーマン全体を母集団とし，この母集団におけるピーマン 1 個の重さ（単位は g）を表す確率変数を X とする。

母集団から無作為に抽出された大きさ $n = 400$ の標本について，その標本平均を $\overline{X} = 30.0\,\mathrm{g}$，標本の標準偏差を 3.6 g とする。

標本の大きさ n が十分に大きいとき，母標準偏差の代わりに標本の標準偏差を用いてよいとして，次の問いに答えよ。

(1) 母平均 m の信頼度 95% の信頼区間を求めよ。

(2) 標準正規分布 $N(0, 1)$ に従う確率変数として，

$P(-z_0 \leqq Z \leqq z_0) = 0.901$ となる z_0 を正規分布表から求められる。

このとき z_0 を用いると，母平均 m の信頼度 90.1% の信頼区間が求められるが，これを信頼度 90% の信頼区間とみなして考える。

このとき，母平均 m の信頼度 90% の信頼区間を求めよ。

ポイント

(1)は信頼度 95% の信頼区間だから，「1.96」という値がポイントだよ。

(2)は問題文に従って，信頼度 90% の信頼区間を考えていけばいいんだ。

解答

(1) 母標準偏差 σ は，標本の標準偏差と同じとしてよいので，

$$\sigma = 3.6$$

となる。これより，

$$\frac{\sigma}{\sqrt{n}} = \frac{3.6}{\sqrt{400}} = \frac{3.6}{20} = 0.18$$

であり，標本平均は $\overline{X} = 30.0$ であるから，母平均 m の信頼度 95% の信頼区間は，

$$30.0 - 1.96 \times 0.18 \leqq m \leqq 30.0 + 1.96 \times 0.18$$

より，

$$29.6472 \leqq m \leqq 30.3528$$

となる。

(2)　$P(-z_0 \leqq Z \leqq z_0) = 0.901$ となるのは,

$$P(-z_0 \leqq Z \leqq z_0) = 2P(0 \leqq Z \leqq z_0)$$
$$= 2u(z_0) = 0.901$$

すなわち,　$u(z_0) = 0.4505$

となるときであるから, 正規分布表から,

$$z_0 = 1.65$$

となる。これより, 母平均 m の信頼度 90% の信頼区間は, (1)のことも用いると,

$$\overline{X} - 1.65 \cdot \frac{\sigma}{\sqrt{n}} \leqq m \leqq \overline{X} + 1.65 \cdot \frac{\sigma}{\sqrt{n}}$$

$$30.0 - 1.65 \times 0.18 \leqq m \leqq 30.0 + 1.65 \times 0.18$$

より,

$$29.703 \leqq m \leqq 30.297$$

となる。

⇨ 賛成？　それとも反対？
——母比率の推定

世論調査では，数値になるものではなく，「今の内閣を支持しています
か？」とか，「○○法案に賛成ですか？」という賛成か反対か，というよ
うな問いもあるよね。

このような世論調査での，

「支持している人の割合」や「賛成している人の割合」

を調べたいときに行うのが母比率の推定なんだ。

ある母集団（例えば，ある県に住んでいる人全員）の中で，ある性質
A をもつもの（例えば，その県の県知事を支持している人）の割合が p
だとしたとき，この p を

母集団における A の母比率

というよ。

ここでは，母集団から無作為に標本抽出したとき（例えば世論調査）の
結果から，母比率を推定するのに，母平均の推定のときと同じように信頼
度 95% の信頼区間を考えていくよ。

上の母集団から大きさ n の標本を無作為抽出したとき，A という性質
をもつものが X 個だったとすると，Section ④ で学んだことから，この
X は，

二項分布 $B(n, p)$ に従う

ことになるんだ。

ところで，ここで調べたいのは，標本調査した結果と実際の母比率との
関係だったわけだけど，大きさ n の標本で A という性質をもつものが X
個ということは，この標本の中での A となっているものの割合は，$\dfrac{X}{n}$ と
いうことになるね。ということは，

$$P\left(-k \leq \frac{X}{n} - p \leq k\right) = 0.95 \qquad \cdots\cdots ①$$

となる k が見つかれば，

$$-k \leqq \frac{X}{n} - p \leqq k$$

すなわち，

$$\frac{X}{n} - k \leqq p \leqq \frac{X}{n} + k$$

が母比率 p の信頼度 95% の信頼区間となるんだ。

　ここで，この二項分布は平均が np，分散が $np(1-p)$ で，n が十分に大きいときには，

　　　正規分布 $N(np, \{\sqrt{np(1-p)}\}^2)$ に従う

ことも Section ❺ で学んだね。

　ということは，確率変数 X について，標準化した確率変数 Z は

$$Z = \frac{X - np}{\sqrt{np(1-p)}} \qquad\qquad \cdots\cdots ②$$

と表せて，この Z は標準正規分布 $N(0, 1)$ に従うことになるよね。

　ここで，②は

$$X - np = Z\sqrt{np(1-p)}$$

$$\frac{X}{n} - p = Z\frac{\sqrt{np(1-p)}}{n}$$

となるから，これを①に代入すると，

$$P\left(-k \leqq Z\frac{\sqrt{np(1-p)}}{n} \leqq k\right) = 0.95$$

$$P\left(-k\frac{n}{\sqrt{np(1-p)}} \leqq Z \leqq k\frac{n}{\sqrt{np(1-p)}}\right) = 0.95$$

となって，母平均の推定のときと同じように考えると，

$$P\left(0 \leqq Z \leqq k\frac{n}{\sqrt{np(1-p)}}\right) = 0.475$$

$$u\left(k\frac{n}{\sqrt{np(1-p)}}\right) = 0.475$$

となって，正規分布表から，

$$k \frac{n}{\sqrt{np(1-p)}} = 1.96 \quad \text{すなわち} \quad k = 1.96 \frac{\sqrt{np(1-p)}}{n}$$

となるんだ。

これと①から,

$$-1.96 \frac{\sqrt{np(1-p)}}{n} \leqq \frac{X}{n} - p \leqq 1.96 \frac{\sqrt{np(1-p)}}{n}$$

となって, さらにこの式は,

$$\frac{X}{n} - 1.96 \sqrt{\frac{np(1-p)}{n^2}} \leqq p \leqq \frac{X}{n} + 1.96 \sqrt{\frac{np(1-p)}{n^2}}$$

$$\frac{X}{n} - 1.96 \sqrt{\frac{p(1-p)}{n}} \leqq p \leqq \frac{X}{n} + 1.96 \sqrt{\frac{p(1-p)}{n}} \qquad \cdots\cdots ③$$

と変形できるよ。

ここで, $p_0 = \frac{X}{n}$ とすると, p_0 は標本の中での A の比率になるんだけど, n が十分に大きいときは, p と p_0 は近い値で, ③のルートの中での p は p_0 とみなしてもよいことが知られているんだ。だから, ③は,

$$p_0 - 1.96 \sqrt{\frac{p_0(1-p_0)}{n}} \leqq p \leqq p_0 + 1.96 \sqrt{\frac{p_0(1-p_0)}{n}}$$

となるよ。

ということで, 母比率 p について, 次のようになるんだ。

母比率の信頼度 95％の信頼区間

母集団から大きさ n の標本を抽出したとき, ある性質 A についての比率が p_0 であるときの, 母比率 p は,

$$p_0 - 1.96 \sqrt{\frac{p_0(1-p_0)}{n}} \leqq p \leqq p_0 + 1.96 \sqrt{\frac{p_0(1-p_0)}{n}}$$

の区間に 95％の確率で含まれる。
この区間を母比率 p に対する信頼度 95％の信頼区間という。

母平均の推定のときと同じで, 式の中の 1.96 の値を 2.58 に変えると, 信頼度 99％の信頼区間になるよ。

　ある工場ではコンサートなどで使われるペンライトが製造されている。この製造されたペンライトから 360 個を無作為に選び，調べたところ，不良品が 36 個見つかった。

　この工場で製造されるペンライトの不良率 p に対する信頼度 95% の信頼区間を求めよ。ただし，$\sqrt{10} = 3.2$ とする。

💡ポイント

　問題に出てきた「不良率」というのは，工場などで製造されるものを母集団としたときの，不良品の比率のことだよ。だから，母比率 p に対する信頼度 95% の信頼区間を求めればいいんだよ。

解答

　標本の大きさが 360，標本における不良品の比率 p_0 が

$$p_0 = \frac{36}{360} = 0.1$$

であるから，不良率 p に対する信頼度 95% の信頼区間は，

$$0.1 - 1.96\sqrt{\frac{0.1(1-0.1)}{360}} \leqq p \leqq 0.1 + 1.96\sqrt{\frac{0.1(1-0.1)}{360}}$$

となる。ここで，

$$1.96\sqrt{\frac{0.1(1-0.1)}{360}} = 1.96\sqrt{\frac{0.1 \cdot 0.9}{360}} = 1.96\sqrt{\frac{1}{10} \cdot \frac{3^2}{10} \cdot \frac{1}{6^2 \cdot 10}}$$

$$= 1.96 \cdot \frac{3}{10} \cdot \frac{1}{6\sqrt{10}} = 1.96 \cdot \frac{\sqrt{10}}{200} = \frac{1.96 \cdot 3.2}{200}$$

$$= 0.03136$$

であるから，求める信頼区間は

$$0.06864 \leqq p \leqq 0.13136$$

となる。

ヨウコさんは，ある新聞Pを読んだとき次のような記事を見つけた。

「今週実施した世論調査によると，現在の内閣の支持率は45％，不支持率は46％となり，現内閣における不支持率がはじめて支持率を上回った。」

一方で，別の新聞Qでの同じ時期に行った世論調査の結果は内閣の支持率の方が不支持率よりも大きいとなっていた。

そこで，ヨウコさんは，新聞Pでの世論調査をもとに，支持率と不支持率の信頼度95％の信頼区間を計算し，実際の支持率と不支持率がその区間に含まれているとして，支持率と不支持率のどちらが大きいか，あるいはどちらも大きいといえないのかを判断することにした。計算した結果のヨウコさんの判断を次の①〜③から1つ選べ。ただし，世論調査での回答数は1600とし，$\sqrt{11} = 3.32$，$\sqrt{69} = 8.31$ とする。

    ① 支持率の方が大きい

    ② 不支持率の方が大きい

    ③ どちらが大きいとはいえない

ポイント

支持率と不支持率のそれぞれの信頼度95％の信頼区間を計算してみよう。その上で，ヨウコさんの判断を選んでみよう。

解答

支持率の信頼度95％の信頼区間は，標本での比率が0.45，標本の大きさが1600であるから，

$$0.45 - 1.96\sqrt{\frac{0.45(1 - 0.45)}{1600}} \leqq p \leqq 0.45 + 1.96\sqrt{\frac{0.45(1 - 0.45)}{1600}} \quad \cdots\cdots①$$

であり，

$$\sqrt{\frac{0.45(1-0.45)}{1600}} = \sqrt{\frac{0.45 \cdot 0.55}{1600}} = \sqrt{\frac{45}{100} \cdot \frac{55}{100} \cdot \frac{1}{40^2}}$$

$$= \frac{\sqrt{3^2 \cdot 5^2 \cdot 11}}{4000} = \frac{3 \cdot 5\sqrt{11}}{4000}$$

$$= \frac{3 \cdot 5 \cdot 3.32}{4000} = 0.01245$$

であるから，①は，

$$0.45 - 1.96 \times 0.01245 \leqq p \leqq 0.45 + 1.96 \times 0.01245$$

となり，これは，最左辺と最右辺の値を小数第4位まで求めると，

$$0.4256 \leqq p \leqq 0.4744$$

となる。

不支持率についての信頼度95％の信頼区間は，

$$0.46 - 1.96\sqrt{\frac{0.46(1-0.46)}{1600}} \leqq p \leqq 0.46 + 1.96\sqrt{\frac{0.46(1-0.46)}{1600}} \quad \cdots\cdots ②$$

となり，

$$\sqrt{\frac{0.46(1-0.46)}{1600}} = \sqrt{\frac{0.46 \cdot 0.54}{1600}} = \sqrt{\frac{46}{100} \cdot \frac{54}{100} \cdot \frac{1}{40^2}}$$

$$= \frac{\sqrt{6^2 \cdot 69}}{4000} = \frac{6\sqrt{69}}{4000}$$

$$= \frac{6 \cdot 8.31}{4000} = 0.012465$$

であるから，②は，

$$0.46 - 1.96 \times 0.012465 \leqq p \leqq 0.46 + 1.96 \times 0.012465$$

となり，これは，最左辺と最右辺の値を小数第4位まで求めると，

$$0.4356 \leqq p \leqq 0.4844$$

となる。

支持率と不支持率のそれぞれの信頼度95％の信頼区間には共通した部分があるため，それぞれの母比率がこの信頼区間内にあるとしたとき，支持率と不支持率のいずれかが大きいとはいえない。

よって，ヨウコさんの判断は，

③ どちらが大きいとはいえない　となる。

仮説検定の
方法

　仮説検定は数学Ⅰの「データの分析」のところでも学んでいるんだけど，ここでは言葉も含めて，より深く考えていくよ。

　例えば，あるコンビニで売られているペットボトル飲料があって，一部の店舗で中身はすべて同じなのだけどラベルを変えたものを販売し始めたところ，売り上げが上がったとしよう。
　このとき，
　　　　「ラベルを変えたことで，売り上げが上がった」
ということが正しいのかどうかをみたいということになるよね。

　具体的に，ラベルを変える前は1週間で1店舗あたり平均で400個売れていて，その標準偏差は50個だったとしよう。
　そして，ラベルを変えたものを売った店舗が144店舗でその売れた個数の平均が410個になったとき，ラベルを変えた後の方が売れるようになったのかどうかは，新しいラベルにしたときの1週間の1店舗あたりの売れた個数の平均 m について，
　　　　「売れた個数は増えた，つまり，$m > 400$ になった」　　　……Ⓐ
と判断できるかどうかを考えたいわけだね。
　このときにⒶに対して，
　　　　「売れた個数は変わらない，つまり，$m = 400$ のまま」　　　……Ⓑ
という仮説を立ててみるんだ。
　そして，この「Ⓑの仮説が正しい」としたら，実際に出てきた
　　　　「売れた個数の平均が410個」　　　　　　　　　　　　　　……Ⓒ
というのはどうなんだろう？　ということを考えるんだ。
　「Ⓑが正しい」としたときに，
　　　（ⅰ）「売り上げ410個は，ほとんど起こりえない」
　　　（ⅱ）「売り上げ410個は，まあまあ起こりうる」

のいずれかになるんだけど，

　　　(i)だとなったら「Ⓑが正しくない」となって

　　　「Ⓐが正しい」と判断できる

　　　(ii)だとなったら

　　　「Ⓐが正しい」とは判断できない

という具合になるんだ。

　そして，このような判断をしていくことを，仮説検定というんだ。

　ここで用語のお話だけど，

・最初の正しいかどうかを判断したい仮説Ⓐを対立仮説

・Ⓐに対して，出てきた仮説Ⓑを帰無仮説

というよ。

　そして，上の(i)のように，「Ⓑが正しい」としたときにⒸがほとんど起こりえないとなったとき，

　　　帰無仮説Ⓑを棄却する

というんだ。

　ところで，上の(i)と(ii)の境目についてなんだけど，これは

　　　「Ⓑが正しい」としたときに，Ⓒの起こる確率　　　……Ⓓ

を求めて，これが有意水準という値より小さければ(i)，大きければ(ii)とするんだ。

　この有意水準は文字では α とおくことが多くて，有意水準の値は，

　　　$\alpha = 0.05$

つまり，確率５％にすることが多いんだ。

　また，Ⓓの確率は，正規分布を考えて求めるよ。

　さて，実際にこの例の仮説検定をしてみよう！

1週間で1店舗あたり平均で400個売れるペットボトル飲料Eがある。このEのラベルを変えて販売した144店舗では1週間で1店舗あたり平均で410個売れるようになった。

このとき，ラベルを変えて販売した方が売り上げが伸びたと判断できるか。有意水準を0.05として検定せよ。ただし，売り上げた個数の標準偏差は50個とする。

検証したい仮説，つまり，対立仮説はⒶで，その判断のために，

　　Ⓑ「$m = 400$ である」

という帰無仮説が正しいと仮定するんだったね。

この $m = 400$ が正しいとすると，ラベルを変えて販売した店が144店舗，つまり，標本の大きさが $n = 144$ で，さらに問題文には標準偏差が $\sigma = 50$ とあるので，標本平均 $\overline{X}$ は

$$正規分布 \ N\left(400, \left(\frac{50}{\sqrt{144}}\right)^2\right)$$

に従うことになるよね。

すると，標本平均 $\overline{X}$ について，標準化した確率変数 Z は

$$Z = \frac{\overline{X} - m}{\dfrac{\sigma}{\sqrt{n}}} = \frac{\overline{X} - 400}{\dfrac{50}{\sqrt{144}}}$$

と表せて，この Z が標準正規分布 $N(0, 1)$ に従うんだったね。

今，実際には $\overline{X} = 410$ というデータが出てきたわけだけど，「Ⓑが正しい」というときに，

　　$\overline{X} \geqq 410$ となる確率

を求めて，これが有意水準より大きいかどうかを見るんだ。

$\overline{X} \geqq 410$ のとき，

$$Z = \frac{\overline{X} - 400}{\dfrac{50}{\sqrt{144}}} \geqq \frac{410 - 400}{\dfrac{50}{\sqrt{144}}} = 2.4$$

となるから，Ⓑが正しいというときの $\overline{X} \geqq 410$ となる確率は，

$$
\begin{aligned}
P(\overline{X} \geqq 410) &= P(Z \geqq 2.4) \\
&= 0.5 - P(0 \leqq Z \leqq 2.4) \\
&= 0.5 - u(2.4) \\
&= 0.5 - 0.4918 = 0.0082
\end{aligned}
$$

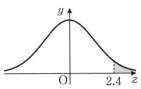

となるよね。

　ということは，Ⓑが正しいというときには，

$$
P(\overline{X} \geqq 410) < 0.05
$$

となって，

　　$\overline{X} \geqq 410$ はほとんど起こりえない

ということになるね。

　よって，帰無仮説Ⓑが棄却されて，

　　対立仮説Ⓐ「$m > 400$ である」が正しいと判断される

ということになるよ。

　つまり，

　　「販売数が伸びた」と判断できる　　⇦ 例題 9－1 の答え

ということになるよ。

　ところで，有意水準 $\alpha = 0.05$ についてなんだけど，標準化した確率変数 Z について

$$
P(Z \geqq k) = 0.05
$$

となる k は，

$$
\begin{aligned}
&0.5 - P(0 \leqq Z \leqq k) = 0.05 \\
&P(0 \leqq Z \leqq k) = 0.45 \\
&u(k) = 0.45
\end{aligned}
$$

を満たす k なんだけど，これは正規分布表からだいたい $k = 1.64$ になるよね。

このⅩ $Z > 1.64$ となる部分を図にすると下の図の赤色部分になるんだ。

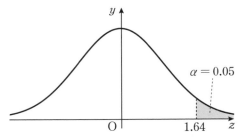

つまり，実際に起こったデータを標準化した確率変数 Z の値にしたときに，上の赤色部分の領域に入ってしまうと，帰無仮説は棄却されてしまうわけだね。

ということで，帰無仮説が棄却されてしまうような上の赤色部分の領域を棄却域というんだ。

例題 9−1 の場合，$\overline{X} = 410$ のときは，

$$Z = 2.4$$

となり，

$Z > 1.64$ の棄却域に入るから，帰無仮説が棄却される

と考えてもいいんだよ。

仮説検定の流れをまとめると，次のようになるよ。

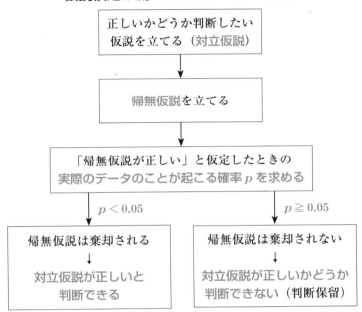

仮説検定の流れ（有意水準 0.05 の場合）

正しいかどうか判断したい
仮説を立てる（対立仮説）

↓

帰無仮説を立てる

↓

「帰無仮説が正しい」と仮定したときの
実際のデータのことが起こる確率 p を求める

$p < 0.05$ ｜ $p \geqq 0.05$

帰無仮説は棄却される
↓
対立仮説が正しいと
判断できる

帰無仮説は棄却されない
↓
対立仮説が正しいかどうか
判断できない（判断保留）

ここで注意したいのは，
「帰無仮説が棄却されない」$\neq$「帰無仮説は正しい」
ということだよ！
　帰無仮説が棄却されないときは，あくまでも，
　　　対立仮説が正しいかどうか判断できない
というだけなんだよ。

Section

9

仮説検定の方法

例題 9−1 のように，
　　　ある値が基準より大きくなるかどうか
で考える仮説検定を片側検定というんだけど，これに対して，
　　　ある値が基準よりも大きくなりすぎても小さくなりすぎても
みたいなところで考える仮説検定を両側検定というよ。

例えば，

　　　ペットボトル飲料の内容量が $500\,\mathrm{ml}$

とあるときに，実際に買ってみたら

　　　「どうも，$500\,\mathrm{ml}$ にはなっていないのでは？」

と考えて，これが正しいかどうか判断しようとしたときの対立仮説として
は，平均を m としたときに

　　　「$m \neq 500$ である」

として，帰無仮説は，

　　　「$m = 500$ である」

とするわけだけど，このとき有意水準を 0.05 とすると，実際の標本抽出
したときの標本平均 $\overline{X}$ についての，標準化した確率変数 Z が，

　　　$P(Z < -k \text{ または } k < Z) = 0.05$

を満たせば帰無仮説は棄却されることになるんだ。

　ここで，$P(Z < -k \text{ または } k < Z) = 0.05$ のときは

　　　$P(k < Z) = 0.025 \left(= \dfrac{0.05}{2} \right)$

となりこれは，

　　　$0.5 - P(0 \leqq Z < k) = 0.025$

　　　$P(0 \leqq Z < k) = 0.475$

となるから，正規分布表から $k = 1.96$ となるんだ。

　だから，Z の棄却域は次の図の赤色部分に対応する z となるよ。

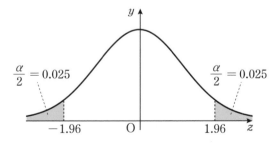

ある市の男子高校生の 50 m 走の記録は，平均が 7.3 秒，標準偏差が 0.7 秒である。

この市の男子高校生 100 人を無作為に選び，「足が速くなるシューズ」を履いてもらい，そのときの 50 m 走の記録を測ったところ，平均が 7.2 秒であった。

この「足が速くなるシューズ」を履くことで，50 m 走の記録が速くなったと判断できるか。有意水準を 0.05 として検定せよ。

ポイント

165 ページにある仮説検定の流れは大丈夫かな？

対立仮説，そして帰無仮説を立てて，「帰無仮説が正しい」というときに「平均 7.2 秒」はどうなのかを考えるんだね。

ただ，　例題　9-1　のときと違って，値が小さくなるかどうかだから，棄却域が　例題　9-1　のときと逆になるから気をつけよう。

解答

「足が速くなるシューズ」を履いたときの 50 m 走の記録の母平均を m としたとき，対立仮説として

　　　「$m < 7.3$」

を立て，これが正しいかどうかを判断するために，帰無仮説として

　　　「$m = 7.3$」

を立てる。

$m = 7.3$ としたとき，標本の大きさ $n = 100$ は十分大きいと考えれば，標準偏差 $\sigma = 0.7$ より，標本平均 $\overline{X}$ について，標準化した確率変数 Z は，

$$Z = \frac{\overline{X} - m}{\frac{\sigma}{\sqrt{n}}} = \frac{\overline{X} - 7.3}{\frac{0.7}{\sqrt{100}}}$$

となるので，$\overline{X} = 7.2$ のとき，

$$Z = \frac{7.2 - 7.3}{\dfrac{0.7}{10}} = \frac{-0.1 \times 10}{0.7} \fallingdotseq -1.43$$

となる。

$P(Z \leqq k) = 0.05$ のとき，$k = -1.64$ であり，棄却域は図の赤色部分に対応する Z となる。

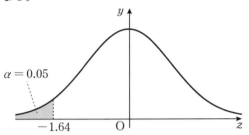

$\overline{X} = 7.2$ に対して，$Z = -1.43$ であるから，これは棄却域に入らない。

よって，帰無仮説は棄却されず，

　　　対立仮説は正しいかどうか判断できない

となる。

つまり，「50 m 走の記録が速くなった」とは判断できない。

仮説検定については，母比率についても同じように検定できるよ。

例 題 ▶ 9-2

あるお菓子には，製品1個にシールが1枚入っている。このシールには「当たりのシール」があり，これを何枚か集めると，景品が貰えることとなっている。

このお菓子を販売しているメーカーでは製品2個あたり1個の製品に「当たりのシール」が入っていると発表があった。

一方，ミクさんがこの製品を100個買ったところ，「当たりのシール」が含まれていた製品は40個だけであったことから，

　　　「当たりのシールは2個に1個ではない」

と判断した。

このように判断できるかどうかを有意水準0.05で検定せよ。

この問題では，「当たりのシール」が出る確率を p としたとき，ミクさんの仮説，つまり，対立仮説は

　　　「$p \neq \dfrac{1}{2}$」

となるね。そして，帰無仮説は

　　　「$p = \dfrac{1}{2}$」

になるよね。

この帰無仮説が正しいとするとき，標本から「当たりのシール」が出る個数を X とすると，標本の大きさ n のとき，X の分布は，

　　　二項分布 $B(n,\ p)$ に従う

となって，この平均 m と標準偏差 σ はそれぞれ，

　　　$m = np, \quad \sigma = \sqrt{np(1-p)}$

となるんだったね。

n が十分大きいから，この X は

　　　正規分布 $N(m, \sigma^2)$，つまり $N(np, \{\sqrt{np(1-p)}\}^2)$ に従う

となるので，標準化した確率変数 Z は，

$$Z = \frac{X - np}{\sqrt{np(1-p)}} \qquad\qquad \cdots\cdots ①$$

と表されて，これは標準正規分布 $N(0, 1)$ に従うことになるね。

　ここで，**Section ❽** の母比率の推定と同じように $p_0 = \dfrac{X}{n}$ というのを

考えると，①は右辺の分母分子を n で割ると，

$$Z = \frac{\dfrac{X}{n} - p}{\sqrt{\dfrac{p(1-p)}{n}}} = \frac{p_0 - p}{\sqrt{\dfrac{p(1-p)}{n}}}$$

と表すことができるね。

　この問題では，両側検定だから，Z の棄却域は，

　　　$Z < -1.96$ または $1.96 < Z$

になるよね。

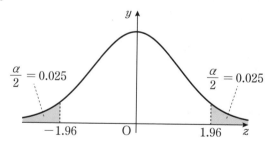

　そして，帰無仮説が正しいときには，$p = \dfrac{1}{2} = 0.5$ であり，実際のデー

タは $n = 100$，$X = 40$ だから，

$$p_0 = \frac{40}{100} = \frac{2}{5} = 0.4$$

となっているので，Z の値は，

$$Z = \frac{p_0 - p}{\sqrt{\dfrac{p(1-p)}{n}}} = \frac{0.4 - 0.5}{\sqrt{\dfrac{0.5(1-0.5)}{100}}} = -2$$

となり，棄却域に入っちゃうよね。

　ということは，

　　　帰無仮説「$p = \dfrac{1}{2}$」は棄却され

て，対立仮説である

　　　「当たりのシールは 2 個に 1 個ではない」と判断できる

　⟷ 例題 9－2 の答え

となるんだよ。

ある国政選挙において，定数2のある選挙区では，A，B，Cの3人の候補がいる。

3人のうち2人が選ばれるため，得票数が全体の $\frac{1}{3}$ 以上であれば当選確実となる。

この選挙において，投票所における出口調査をし，無作為に選んだ900人のうち330人がAに投票したという結果が出た。

この結果から，

「Aは当選確実」

と判断することができるか。有意水準0.05で検定せよ。ただし，$\sqrt{2}=1.41$ とする。

ポイント

この問題は，

母比率が $\frac{1}{3}$ より多いかどうか

を検定することになるから，

母比率の仮説検定の「片側検定」

にあたるよ。だから，棄却域は下の図から

$Z > 1.64$

になることに注意しようね。

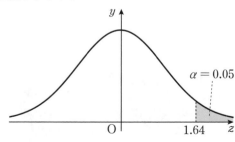

解答

　この国政選挙における A に投票した母比率 p について，正しいと判断したい対立仮説は

　　　「$p > \dfrac{1}{3}$」

であり，これに対する帰無仮説は，

　　　「$p = \dfrac{1}{3}$」

である。

　帰無仮説が正しい，すなわち，$p = \dfrac{1}{3}$ としたとき，出口調査の結果として出てきた標本における比率 p_0 に対し，調査の人数は $n = 900$ であるから，標準化した確率変数 Z は

$$Z = \frac{p_0 - p}{\sqrt{\dfrac{p(1-p)}{n}}} = \frac{p_0 - \dfrac{1}{3}}{\sqrt{\dfrac{1}{900} \cdot \dfrac{1}{3}\left(1 - \dfrac{1}{3}\right)}} = \frac{p_0 - \dfrac{1}{3}}{\dfrac{\sqrt{2}}{90}}$$

となる。

　$p_0 = \dfrac{330}{900} = \dfrac{11}{30}$ であるから，このとき Z は，

$$Z = \frac{\dfrac{11}{30} - \dfrac{1}{3}}{\dfrac{\sqrt{2}}{90}} = \frac{3}{\sqrt{2}} = \frac{3\sqrt{2}}{2} = \frac{3 \cdot 1.41}{2} = 2.115$$

となる。

　有意水準 0.05 での片側検定における棄却域は

　　　$Z > 1.64$

であり，このときの Z はこれに含まれる。

　したがって，帰無仮説である $p = \dfrac{1}{3}$ は棄却され，

　　　対立仮説の $p > \dfrac{1}{3}$ が正しい

と判断されることから，

　　　「A は当選確実」と判断できる

となる。

ある病気を治すための薬 A は，4%の確率で副作用が発生する。
これに対して，同じ病気を治すための新しい薬 B が開発され，この
薬 B を 600 人の患者に用いたところ，12 人に副作用が発生した。
新しい薬 B は，

「A と比べて副作用が発生する割合が低くなった」

と判断することができるか。有意水準 5 ％で検定せよ。

ポイント

この問題では，

母比率が 4 ％より小さくなったかどうか

を検定することになるね。

今度は「小さくなるかどうか」だから，棄却域は $Z < -1.64$ になるこ
とに注意しようね。

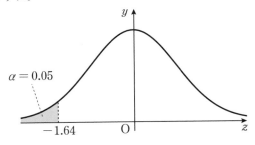

解答

新しい薬 B の副作用が発生する母比率 p について，正しいと判断した
い対立仮説は，

$$p < 0.04$$

である。

これに対する帰無仮説は，

$$p = 0.04$$

である。

帰無仮説が正しい，すなわち，$p = 0.04$ としたとき，$n = 600$ 人に薬 B を用いたときの副作用の比率 p_0 に対し，標準化した確率変数 Z は，

$$Z = \frac{p_0 - p}{\sqrt{\dfrac{p(1-p)}{n}}} = \frac{p_0 - 0.04}{\sqrt{\dfrac{0.04(1 - 0.04)}{600}}} = \frac{p_0 - 0.04}{0.008}$$

となる。

$$p_0 = \frac{12}{600} = \frac{1}{50} = 0.02$$

であるから，このとき Z は，

$$Z = \frac{p_0 - 0.04}{0.008} = \frac{0.02 - 0.04}{0.008} = -2.5$$

となる。

有意水準 0.05 での片側検定における棄却域は

$$Z < -1.64$$

であり，このときの Z はこれに含まれる。

したがって，帰無仮説である $p = 0.04$ は棄却され，

対立仮説の $p < 0.04$ が正しい

と判断されることから，

薬 B は薬 A と比べて副作用が少なくなったと判断できる

となる。

実戦演習

　以下の問題を解答するにあたっては，必要に応じて 191 ページの正規分布表を用いてもよい。

　Q 高校の校長先生は，ある日，新聞で高校生の読書に関する記事を読んだ。そこで，Q 高校の生徒全員を対象に，直前の 1 週間の読書時間に関して，100 人の生徒を無作為に抽出して調査を行った。その結果，100 人の生徒のうち，この 1 週間に全く読書をしなかった生徒が 36 人であり，100 人の生徒のこの 1 週間の読書時間（分）の平均値は 204 であった。Q 高校の生徒全員のこの 1 週間の読書時間の母平均を m，母標準偏差を 150 とする。

(1)　全く読書をしなかった生徒の母比率を 0.5 とする。このとき，100 人の無作為標本のうちで全く読書をしなかった生徒の数を表す確率変数を X とすると，X は $\boxed{\text{ア}}$ に従う。また，X の平均（期待値）は $\boxed{\text{イウ}}$，標準偏差は $\boxed{\text{エ}}$ である。

　　$\boxed{\text{ア}}$ については，最も適当なものを，次の ⓪〜⑤ のうちから一つ選べ。

⓪　正規分布 $N(0, 1)$	①　二項分布 $B(0, 1)$
②　正規分布 $N(100, 0.5)$	③　二項分布 $B(100, 0.5)$
④　正規分布 $N(100, 36)$	⑤　二項分布 $B(100, 36)$

（実戦演習 1 は次ページに続く。）

(2) 標本の大きさ 100 は十分に大きいので，100 人のうち全く読書をしな
かった生徒の数は近似的に正規分布に従う。

全く読書をしなかった生徒の母比率を 0.5 とするとき，全く読書をし
なかった生徒が 36 人以下となる確率を p_5 とおく。p_5 の近似値を求め
ると，$p_5 = \boxed{\text{オ}}$ である。

また，全く読書をしなかった生徒の母比率を 0.4 とするとき，全く読
書をしなかった生徒が 36 人以下となる確率を p_4 とおくと，$\boxed{\text{カ}}$ で
ある。

$\boxed{\text{オ}}$ については，最も適当なものを，次の ⓪〜⑤ のうちから一つ選べ。

⓪　0.001　　　① 　0.003　　　② 　0.026

③　0.050　　　④ 　0.133　　　⑤ 　0.497

$\boxed{\text{カ}}$ の解答群

⓪　$p_4 < p_5$　　　①　$p_4 = p_5$　　　②　$p_4 > p_5$

(3) 1 週間の読書時間の母平均 m に対する信頼度 95% の信頼区間を
$C_1 \leq m \leq C_2$ とする。標本の大きさ 100 は十分大きいことと，1 週間の
読書時間の標本平均が 204，母標準偏差が 150 であることを用いると，
$C_1 + C_2 = \boxed{\text{キクケ}}$，$C_2 - C_1 = \boxed{\text{コサ}} . \boxed{\text{シ}}$ であることがわかる。

また，母平均 m と C_1，C_2 については，$\boxed{\text{ス}}$。

$\boxed{\text{ス}}$ の解答群

⓪　$C_1 \leq m \leq C_2$ が必ず成り立つ

①　$m \leq C_2$ は必ず成り立つが，$C_1 \leq m$ が成り立つとは限らない

②　$C_1 \leq m$ は必ず成り立つが，$m \leq C_2$ が成り立つとは限らない

③　$C_1 \leq m$ も $m \leq C_2$ も成り立つとは限らない

（実戦演習 1 は次ページに続く。）

(4) Q高校の図書委員長も，校長先生と同じ新聞記事を読んだため，校長先生が調査をしていることを知らずに，図書委員会として校長先生と同様の調査を独自に行った。ただし，調査期間は校長先生による調査と同じ直前の1週間であり，対象をQ高校の生徒全員として100人の生徒を無作為に抽出した。その調査における，全く読書をしなかった生徒の数を n とする。

校長先生の調査結果によると全く読書をしなかった生徒は36人であり，| セ |。

| セ | の解答群

| ⓪ n は必ず 36 に等しい | ① n は必ず 36 未満である |
| ② n は必ず 36 より大きい | ③ n と 36 との大小はわからない |

(5) (4)の図書委員会が行った調査結果による母平均 m に対する信頼度95%の信頼区間を $D_1 \leq m \leq D_2$，校長先生が行った調査結果による母平均 m に対する信頼度95%の信頼区間を(3)の $C_1 \leq m \leq C_2$ とする。ただし，母集団は同一であり，1週間の読書時間の母標準偏差は150とする。

このとき，次の⓪〜⑤のうち，正しいものは | ソ | と | タ | である。

| ソ |，| タ | の解答群（解答の順序は問わない。）

⓪ $C_1 = D_1$ と $C_2 = D_2$ が必ず成り立つ。

① $C_1 < D_2$ または $D_1 < C_2$ のどちらか一方のみが必ず成り立つ。

② $D_2 < C_1$ または $C_2 < D_1$ となる場合もある。

③ $C_2 - C_1 > D_2 - D_1$ が必ず成り立つ。

④ $C_2 - C_1 = D_2 - D_1$ が必ず成り立つ。

⑤ $C_2 - C_1 < D_2 - D_1$ が必ず成り立つ。

（2021年大学入学共通テスト・改）

(1) 全く読書をしなかった生徒の母比率を 0.5 とすると，このときに無作為抽出で大きさ 100 人の標本として生徒を選ぶので，このうちの読書をしなかった生徒数を確率変数 X とすると，

$$P(X = k) = {}_{100}C_k 0.5^k 0.5^{100-k}$$

となり，これは，

二項分布 $B(100, 0.5)$ 　ア　③

に従う。

これより，X について，

平均 $E(X) = 100 \times 0.5 = 50$ 　イウ

標準偏差 $\sigma(X) = \sqrt{100 \times 0.5(1 - 0.5)} = 5$ 　エ

となる。

(2) 100 人のうち，全く読書をしなかった生徒の数が正規分布に近似的に従うとなっている。

すなわち，全く読書をしなかった生徒数を X としたとき，この確率変数 X が正規分布に従うこととなる。

(1)より，この分布の平均が 50，標準偏差が 5 であるから，X は正規分布 $N(50, 5^2)$ に従う。

これより，標準化した確率変数 Z は，

$$Z = \frac{X - 50}{5}$$

と表すことができる。

$X \leqq 36$ のとき，

$$Z \leqq \frac{36 - 50}{5} = -2.8$$

であるから，正規分布表より，

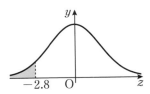

$$p_5 = P(X \leqq 36) = P(Z \leqq -2.8)$$
$$= P(Z \geqq 2.8) = P(Z \geqq 0) - P(0 \leqq Z \leqq 2.8)$$

$$= 0.5 - 0.4974$$
$$= 0.0026$$

となるので,

$$p_5 \fallingdotseq 0.003 \quad \boxed{\text{オ}} \quad \text{①}$$

となる。

　全く読書をしなかった生徒の母比率を 0.4 としたとき，全く読書をしなかった生徒数を X としたときに，これは二項定理 $B(100, 0.4)$ に従い,

　　平均 $100 \times 0.4 = 40$

　　標準偏差 $\sqrt{100 \times 0.4(1-0.4)} = \sqrt{24} = 2\sqrt{6}$

となる。

　これを同じく正規分布で近似すると，X は正規分布 $N(40, (2\sqrt{6})^2)$ に従う。

　これより，標準化した確率変数 Z は,

$$Z = \frac{X - 40}{2\sqrt{6}}$$

と表すことができる。

　$X \leqq 36$ のとき,

$$Z \leqq \frac{36 - 40}{2\sqrt{6}} = -\frac{2}{\sqrt{6}} = -\frac{\sqrt{6}}{3}$$

となる。

　これと，$\alpha > \beta$ のとき，$P(Z \leqq \alpha) > P(Z \leqq \beta)$ となることより,

$$p_4 = P(X \leqq 36) = P\left(Z \leqq -\frac{\sqrt{6}}{3}\right)$$

$$> P\left(Z \leqq -\frac{\sqrt{9}}{3}\right) = P(Z \leqq -1)$$

$$> P(Z \leqq -2.8) = p_5$$

となるので,

$$p_4 > p_5 \quad \boxed{\text{カ}} \quad \text{②}$$

となる。

(3) 1週間の読書時間 X について，標本の大きさ 100，標本平均 204，母標準偏差 150 のとき，母平均 m の信頼度 95% の信頼区間は，

$$204 - 1.96\frac{150}{\sqrt{100}} \leqq m \leqq 204 + 1.96\frac{150}{\sqrt{100}}$$

より，

$$C_1 = 204 - 1.96\frac{150}{\sqrt{100}}, \quad C_2 = 204 + 1.96\frac{150}{\sqrt{100}}$$

となるので，

$$C_1 + C_2 = 204 \times 2 = 408 \quad \boxed{キクケ}$$

であり，

$$C_2 - C_1 = 2 \cdot 1.96\frac{150}{\sqrt{100}} = 2 \cdot 1.96 \cdot 15 = 58.8 \quad \boxed{コサ}.\boxed{シ}$$

となる。

信頼度 95% の信頼区間は，何回も標本調査を行ったときに，母平均 m が 95% の確率で含まれる区間であるから，母平均 m について，

$$C_1 \leqq m \leqq C_2$$

が必ずしも成り立つということではない。

したがって，

$$C_1 \leqq m \text{ も } m \leqq C_2 \text{ も成り立つとは限らない。} \quad \boxed{ス} \,\text{③}$$

(4) 図書委員会は同じ高校で 100 人の生徒を無作為抽出して調査しているが，校長先生が調査した 100 人と必ずしも一致しない。

したがって，図書委員会の調査結果の n 人と校長先生の調査結果の 36 人の大小などは判断できない。

すなわち，

$$n \text{ と } 36 \text{ の大小はわからない} \quad \boxed{セ} \,\text{③}$$

(5) 図書委員会での調査は標本の大きさ 100 であり，(3)より母標準偏差は 150 であることから，図書委員会の調査での標本平均を $\overline{X}$ としたとき，母平均 m の信頼度 95% の信頼区間は

$$\overline{X} - 1.96\frac{150}{\sqrt{100}} \leqq m \leqq \overline{X} + 1.96\frac{150}{\sqrt{100}}$$

となるので,

$$D_1 = \overline{X} - 1.96\frac{150}{\sqrt{100}} = \overline{X} - 29.4$$

$$D_2 = \overline{X} + 1.96\frac{150}{\sqrt{100}} = \overline{X} + 29.4$$

となる。
　また,

$$C_1 = 204 - 1.96\frac{150}{\sqrt{100}} = 204 - 29.4$$

$$C_2 = 204 + 1.96\frac{150}{\sqrt{100}} = 204 + 29.4$$

であるから,

$$C_2 - C_1 = D_2 - D_1 = 58.8$$

となり,
また, $\overline{X}$ の値によっては, $D_2 < C_1$ にも $C_2 < D_1$ にもなりうる。
　したがって,

$$D_2 < C_1 \text{ または } C_2 < D_1 \text{ となる場合もある}$$

と

$$C_2 - C_1 = D_2 - D_1 \text{ が必ず成り立つ}$$

が正しい。　　ソ　,　タ　②, ④ (順不同)

　以下の問題を解答するにあたっては，必要に応じて 191 ページの正規分布表を用いてもよい。

　花子さんは，マイクロプラスチックと呼ばれる小さなプラスチック片（以下，MP）による海洋中や大気中の汚染が，環境問題となっていることを知った。花子さんたち 49 人は，面積が 50 a（アール）の砂浜の表面にある MP の個数を調べるため，それぞれが無作為に選んだ 20 cm 四方の区画の表面から深さ 3 cm までをすくい，MP の個数を研究所で数えてもらうことにした。そして，この砂浜の 1 区画あたりの MP の個数を確率変数 X として考えることにした。

　このとき，X の母平均を m，母標準偏差を σ とし，標本 49 区画の 1 区画あたりの MP の個数の平均値を表す確率変数を $\overline{X}$ とする。

　花子さんたちが調べた 49 区画では，平均値が 16，標準偏差が 2 であった。

　研究所が昨年調査したときには，1 区画あたりの MP の個数の母平均が 15，母標準偏差が 2 であった。今年の母平均 m が昨年とは異なるといえるかを，有意水準 5% で仮説検定をする。ただし，母標準偏差は今年も $\sigma = 2$ とする。

　まず，帰無仮説は「今年の母平均は ┃ ア ┃」であり，対立仮説は「今年の母平均は ┃ イ ┃」である。

┃ ア ┃，┃ イ ┃ の解答群（同じものを繰り返し選んでもよい。）

⓪	$\overline{X}$ である	①	m である
②	15 である	③	16 である
④	$\overline{X}$ ではない	⑤	m ではない
⑥	15 ではない	⑦	16 ではない

（実戦演習 2 は次ページに続く。）

次に，帰無仮説が正しいとすると，$\overline{X}$ は平均 $\boxed{\text{ウ}}$，標準偏差 $\boxed{\text{エ}}$ の正規分布に近似的に従うため，確率変数 $Z = \dfrac{\overline{X} - \boxed{\text{ウ}}}{\boxed{\text{エ}}}$ は標準正規分布に近似的に従う。

　花子さんたちの調査結果から求めた Z の値を z とすると，標準正規分布において確率 $P(Z \leq -|z|)$ と確率 $P(Z \geq |z|)$ の和は 0.05 よりも $\boxed{\text{オ}}$ ので，有意水準 5% で今年の母平均 m は昨年と $\boxed{\text{カ}}$。

$\boxed{\text{ウ}}$，$\boxed{\text{エ}}$ の解答群（同じものを繰り返し選んでもよい。）

⓪ $\dfrac{4}{49}$	① $\dfrac{2}{7}$	② $\dfrac{16}{49}$	③ $\dfrac{4}{7}$	④ 2
⑤ $\dfrac{15}{7}$	⑥ 4	⑦ 15	⑧ 16	

$\boxed{\text{オ}}$ の解答群

⓪ 大きい	① 小さい

$\boxed{\text{カ}}$ の解答群

⓪ 異なるといえる	① 異なるとはいえない

（大学入学共通テスト試作問題・改）

　今年の母平均 m が，昨年の母平均 15 と異なるといえるかを，仮説検定をするので，「昨年と変わらない」，すなわち

　　　「今年の母平均は 15 である」　　$\boxed{\text{ア}}$ ②

が帰無仮説であり，対立仮説は

　　　「今年の母平均は 15 ではない」　$\boxed{\text{イ}}$ ⑥

である。

　49 の区画で調べているので，標本の大きさは 49，また，母標準偏差は 2 であるから，帰無仮説が正しいとしたとき $\overline{X}$ は，

　　　平均 15　$\boxed{\text{ウ}}$ ⑦　　　　標準偏差 $\dfrac{2}{\sqrt{49}} = \dfrac{2}{7}$ $\boxed{\text{エ}}$ ①

の正規分布に近似的に従う。よって，標準化した確率変数 Z は，

$$Z = \frac{\overline{X} - 15}{\dfrac{2}{7}}$$

と表せて，これは標準正規分布に近似的に従う。

　花子さんたちの調査結果は $\overline{X} = 16$ であるから，これに対する確率変数 Z の値 z は，

$$z = \frac{16 - 15}{\dfrac{2}{7}} = \frac{7}{2} = 3.5$$

となるから，正規分布表より，

$$P(Z \geqq |z|) = P(Z \geqq 3.5) = P(Z \geqq 0) - P(0 \leqq Z \leqq 3.5)$$
$$= 0.5 - 0.4998 = 0.0002$$

よって

$$P(Z \leqq -|z|) + P(Z \geqq |z|) = 2 \times 0.0002 = 0.0004$$

となり，これは 0.05 よりも小さい　$\boxed{\text{オ}}$ ①

　したがって，帰無仮説が棄却され，対立仮説である「今年の母平均は 15 ではない」と判断でき，今年の母平均 m は昨年と

　　　異なるといえる　$\boxed{\text{カ}}$ ⓪

さくいん

ま

や

ら

● 本文デザイン：熊アート
● 本文イラスト：オフィスシバチャン

正 規 分 布 表

次の表は，標準正規分布の分布曲線における右図
の灰色部分の面積の値をまとめたものである。

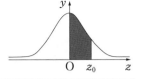

z_0	0.00	0.01	0.02	0.03	0.04	0.05	0.06	0.07	0.08	0.09
0.0	0.0000	0.0040	0.0080	0.0120	0.0160	0.0199	0.0239	0.0279	0.0319	0.0359
0.1	0.0398	0.0438	0.0478	0.0517	0.0557	0.0596	0.0636	0.0675	0.0714	0.0753
0.2	0.0793	0.0832	0.0871	0.0910	0.0948	0.0987	0.1026	0.1064	0.1103	0.1141
0.3	0.1179	0.1217	0.1255	0.1293	0.1331	0.1368	0.1406	0.1443	0.1480	0.1517
0.4	0.1554	0.1591	0.1628	0.1664	0.1700	0.1736	0.1772	0.1808	0.1844	0.1879
0.5	0.1915	0.1950	0.1985	0.2019	0.2054	0.2088	0.2123	0.2157	0.2190	0.2224
0.6	0.2257	0.2291	0.2324	0.2357	0.2389	0.2422	0.2454	0.2486	0.2517	0.2549
0.7	0.2580	0.2611	0.2642	0.2673	0.2704	0.2734	0.2764	0.2794	0.2823	0.2852
0.8	0.2881	0.2910	0.2939	0.2967	0.2995	0.3023	0.3051	0.3078	0.3106	0.3133
0.9	0.3159	0.3186	0.3212	0.3238	0.3264	0.3289	0.3315	0.3340	0.3365	0.3389
1.0	0.3413	0.3438	0.3461	0.3485	0.3508	0.3531	0.3554	0.3577	0.3599	0.3621
1.1	0.3643	0.3665	0.3686	0.3708	0.3729	0.3749	0.3770	0.3790	0.3810	0.3830
1.2	0.3849	0.3869	0.3888	0.3907	0.3925	0.3944	0.3962	0.3980	0.3997	0.4015
1.3	0.4032	0.4049	0.4066	0.4082	0.4099	0.4115	0.4131	0.4147	0.4162	0.4177
1.4	0.4192	0.4207	0.4222	0.4236	0.4251	0.4265	0.4279	0.4292	0.4306	0.4319
1.5	0.4332	0.4345	0.4357	0.4370	0.4382	0.4394	0.4406	0.4418	0.4429	0.4441
1.6	0.4452	0.4463	0.4474	0.4484	0.4495	0.4505	0.4515	0.4525	0.4535	0.4545
1.7	0.4554	0.4564	0.4573	0.4582	0.4591	0.4599	0.4608	0.4616	0.4625	0.4633
1.8	0.4641	0.4649	0.4656	0.4664	0.4671	0.4678	0.4686	0.4693	0.4699	0.4706
1.9	0.4713	0.4719	0.4726	0.4732	0.4738	0.4744	0.4750	0.4756	0.4761	0.4767
2.0	0.4772	0.4778	0.4783	0.4788	0.4793	0.4798	0.4803	0.4808	0.4812	0.4817
2.1	0.4821	0.4826	0.4830	0.4834	0.4838	0.4842	0.4846	0.4850	0.4854	0.4857
2.2	0.4861	0.4864	0.4868	0.4871	0.4875	0.4878	0.4881	0.4884	0.4887	0.4890
2.3	0.4893	0.4896	0.4898	0.4901	0.4904	0.4906	0.4909	0.4911	0.4913	0.4916
2.4	0.4918	0.4920	0.4922	0.4925	0.4927	0.4929	0.4931	0.4932	0.4934	0.4936
2.5	0.4938	0.4940	0.4941	0.4943	0.4945	0.4946	0.4948	0.4949	0.4951	0.4952
2.6	0.4953	0.4955	0.4956	0.4957	0.4959	0.4960	0.4961	0.4962	0.4963	0.4964
2.7	0.4965	0.4966	0.4967	0.4968	0.4969	0.4970	0.4971	0.4972	0.4973	0.4974
2.8	0.4974	0.4975	0.4976	0.4977	0.4977	0.4978	0.4979	0.4979	0.4980	0.4981
2.9	0.4981	0.4982	0.4982	0.4983	0.4984	0.4984	0.4985	0.4985	0.4986	0.4986
3.0	0.4987	0.4987	0.4987	0.4988	0.4988	0.4989	0.4989	0.4989	0.4990	0.4990
3.1	0.4990	0.4991	0.4991	0.4991	0.4992	0.4992	0.4992	0.4992	0.4993	0.4993
3.2	0.4993	0.4993	0.4994	0.4994	0.4994	0.4994	0.4994	0.4995	0.4995	0.4995
3.3	0.4995	0.4995	0.4995	0.4996	0.4996	0.4996	0.4996	0.4996	0.4996	0.4997
3.4	0.4997	0.4997	0.4997	0.4997	0.4997	0.4997	0.4997	0.4997	0.4997	0.4998
3.5	0.4998	0.4998	0.4998	0.4998	0.4998	0.4998	0.4998	0.4998	0.4998	0.4998

大淵　智勝（おおぶち　ともかつ）
　駿台予備学校数学科講師。学びエイド鉄人講師（塚本有馬 名義：地学、数学）。「高校数学・新課程を考える会」事務局長。慶應義塾大学環境情報学部卒。東京大学大学院理学系研究科修士課程修了。専門は理論地震学。学部生時代に数学の研究会に所属。
　予備校においては首都圏の校舎で授業を展開。また、模試・テキストの作成グループに所属。一方で、高校の教員向けに新課程で変わった内容などを研修するための講演会を企画・開催している。
　著書に『ポイントチェック 数学Ⅰ・A』『大淵智勝の 数Ⅲ［極限・微分・積分・複素数平面・平面上の曲線］の基礎が面白いほど身につく本』（以上、KADOKAWA）『ベストセレクション大学入学共通テスト数学重要問題集（2024）』（著：塚本有馬（共著）、実教出版）などがある。

おおぶちともかつ
大淵智勝の
すうがく　　とうけいてき　　すいそく　　　　おもしろ　　　　　　　　ほん
数学B「統計的な推測」が面白いほどわかる本

2023年 6 月16日　初版発行
2024年 2 月15日　再版発行

おおぶち　　ともかつ
著者／大淵　智勝

発行者／山下　直久

発行／株式会社KADOKAWA
〒102-8177　東京都千代田区富士見2-13-3
電話　0570-002-301（ナビダイヤル）

印刷所／株式会社加藤文明社印刷所
製本所／株式会社加藤文明社印刷所

●お問い合わせ
https://www.kadokawa.co.jp/（「お問い合わせ」へお進みください）
※内容によっては、お答えできない場合があります。
※サポートは日本国内のみとさせていただきます。
※Japanese text only

定価はカバーに表示してあります。